JN431410

콘크리트 실무지침 KCI PM112.1-19

FRP 보강근 구조설계지침

FRP구조위원회

사단법인 한국콘크리트학회
Korea Concrete Institute

발간사

올해에 우리 학회는 벌써 창립 30주년이 됩니다. 그동안 우리 학회는 본연의 역할인 해당 분야의 학문과 기술을 향상시키면서 모범 전문학회로서 크게 성장하여 왔습니다. 특히 지난 학회 20주년을 기념하여 보다 체계적인 참고문헌을 발간하기 위하여 '콘크리트실무지침편찬특별위원회' 를 구성하여 전문서적을 꾸준히 발간하여 왔습니다.

이 특별위원회(당시 위원장 김상식 명예회원)는 2009년에 처음으로 구성되어 많은 노력 끝에 2010년 말 처음으로 『해양 콘크리트의 염해 내구성 및 설계』, 『매스 콘크리트의 온도 균열 제어』, 『고유동 콘크리트의 제조 및 시공』, 『콘크리트 구조물 이음의 설계 및 시공』, 『콘크리트 양생』 등 5권의 실무매뉴얼을 발간한 바 있습니다. 그 후 2011년 특별위원회는 학회 연구전문위원회의 도움을 받아 출판을 기획하여 『건축 포스트텐션 시스템』, 『PS 긴장재의 시공, 긴장관리 및 그라우팅』, 『콘크리트 장기거동 해석 및 적용』, 『폴리머 콘크리트 복합체의 제조 및 시공』, 『콘크리트 구조물의 방수기술』, 『레디믹스트 콘크리트 품질 문제의 원인 및 대책』, 『콘크리트 제조, 운반 및 타설』 등 7권의 실무매뉴얼을 2012년에 발간하게 되었습니다. 그리고 2012년 이후 현재까지 12권의 실무지침이 발간되어 전체 24권의 실무지침이 발간되었습니다. 그리고 현재 14권의 실무지침이 집필중에 있습니다. 이번에 발간되는 『FRP보강근 구조설계지침』은 24번째 실무지침으로서 『FRP구조 연구전문위원회』에서 집필한 지침입니다.

이 지침 발간을 위하여 지난 몇 년 간 어려운 여건 속에서도 열심히 노력하시어 실무지침을 작성하여 주신 집필책임자 박철우 회원님을 비롯한 집필위원 여러분과 검토위원 여러분에게 감사드리며, 세심한 검토를 해주신 특별위원회 여러 위원님들에게도 감사드립니다.

2019. 3

사단법인 한국콘크리트학회

콘크리트실무지침편찬특별위원회 위원장 김 진 근

학회 회장(16대) 이 재 훈

머리말

철근콘크리트 구조물의 보강재인 철근 부식문제를 해결할 수 있는 FRP (Fiber Reinforced Polymer) 재료가 국내에 소개된 지는 약 20년 안팎이라 할 수 있습니다. 철근을 대신하는 보강재로 실제 콘크리트 구조물에 적용하기 위하여 FRP 보강근 개발 및 개선, 그리고 실험 및 연구 등의 많은 노력이 있어 왔습니다. 한국건설기술연구원에서 개발한 FRP 보강근은 지속적인 성능개선을 통하여 많은 문제점이 보완되었으며, 그 성능은 국외 상용제품과 비교하여 우수한 수준을 확보하였습니다. 또한 많은 연구자가 수행한 FRP 보강근을 활용한 콘크리트 부재 및 구조물 연구로 기술적인 실력도 충분히 향상되었습니다. 하지만 실제 구조물 설계를 하기 위한 기준 또는 지침의 부재는 구조설계자들에게 분명한 한계가 있어 왔습니다. 2008년 'GFRP 보강근을 사용한 콘크리트 구조물의 설계지침(안)' 이 우리 학회에서 발간되었지만 실제 설계 등에 적용되기에는 기술적인 한계와 내용의 미완성이 큰 아쉬움으로 남아 있었습니다.

한국건설기술연구원과 한국콘크리트학회에서는 2013년 국토교통과학기술진흥원에서 지원하는 'ICT 기반 교량 수명 연장을 위한 부분교체 및 저탄소 소재 활용 연구' 에 참여하면서 FRP 보강근 콘크리트의 설계기술 발전과 현장적용 확대를 위한 새로운 발판을 마련하였고, 이를 기반으로 6년간 지속적인 연구와 보완을 통하여 현재의 강도설계법에 기초한 FRP 보강근 콘크리트 구조설계지침을 완성하기에 이르렀습니다. 이 설계지침이 완성됨과 함께 우리 학회의 FRP구조위원회(KCI-112)에서는 이를 실무적으로 활용하는데 도움이 되도록 설계지침의 설계방법을 준용하여 여러 가지 설계예제를 포함한「FRP 보강근 콘크리트 부재의 설계실무집」을 출간하게 되었습니다.

국내 FRP 보강근 콘크리트의 적용 확대를 위해서는 아직도 보완해야 할 점이 많이 있다고 생각되지만 FRP 보강근 콘크리트 구조설계지침과 함께 이 실무지침의 발간이 FRP 보강근을 실제 활용하고자 하는 기술자들에게 많은 도움이 될 것으로 기대합니다.

이 실무지침의 발간은 한국콘크리트학회 실무지침편찬특별위원회와 한국건설기술연구원의 지속적인 관심과 노력이 있었기에 가능했음을 다시 한번 감사드리고, 또 FRP 구조위원회의 집필위원 여러분에게 진심으로 머리 숙여 감사드립니다.

끝으로 FRP구조위원회의 간사인 주민관박사에게도 깊은 감사의 인사를 드립니다.

2019. 4

FRP구조위원회(KCI-112) 집필책임자 박 철 우

| 집필위원 |

집필책임자	박철우(강원대학교)
집 필 위 원	설계기준 : 박영환(한국건설기술연구원), 조정래(한국건설기술연구원), 박상용(한국건설기술연구원), 김성태(한국건설기술연구원), 진원종(한국건설기술연구원), 주민관(연세대학교) 설계예제 : 김병일(서울과학기술대학교), 노화성(전북대학교), 문도영(경성대학교), 이종한(인하대학교), 이재하(한국해양대학교)

| 검토위원 |

검 토 위 원	김강수(서울시립대학교), 김동욱(육군사관학교), 김승직(계명대학교), 김진근(KAIST), 권성준(한남대학교), 박기태(한국건설기술연구원), 서수연(한국교통대학교), 심종성(한양대학교), 오홍섭(경남과학기술대학교), 유영준(한국건설기술연구원), 이도형(배재대학교), 이석종(주)비아이티솔루션, 이재훈(영남대학교), 장희석(부경대학교), 전범준, 정원경(한국건설품질시험연구원), 정우영(강릉원주대학교), 최경규(숭실대학교), 최창식(한양대학교), 홍기증(국민대학교)

| 발간물심의위원회 |

위 원 장	김한수(건국대학교)
위 원	이정윤(성균관대학교), 윤현도(충남대학교), 이도형(배재대학교), 최동욱(한경대학교), 이재훈(영남대학교), 김장호(연세대학교), 조창근(조선대학교), 박철우(강원대학교)

기획 | 실무지침편찬특별위원회 |

위 원 장	김진근(KAIST)
부 위 원 장	홍건호(호서대학교)
간 사	이기학(세종대학교)
위 원	강현구(서울대학교), 권승희(명지대학교), 김강수(서울시립대학교) 김대호(㈜한국구조물안전기술사사무소), 김상식(인하대학교), 김상철(한서대학교) 김순환((주)창민우컨설턴트), 김승훈(한밭대학교), 김영진(한국콘크리트학회) 김지상(서경대학교), 김태훈(삼성물산(주) 건설부문), 문도영(경성대학교) 신현목(성균관대학교), 연규석(강원대학교), 이건철(한국교통대학교) 이도형(배재대학교), 이재훈(㈜도화구조), 이창홍(㈜포스코건설), 정 란(단국대학교) 정영수(중앙대학교), 정하선(전우구조기술사무소), 조창근(조선대학교) 최병한(한국농어촌공사 농어촌연구원), 한천구(청주대학교)

차 례

발간사 • 3
머리말 • 5

01 장 총 칙
1.1 목적 11
1.2 적용 범위 11
1.3 기호 12

02 장 재 료
2.1 일반사항 17
2.2 물리적 특성 17
2.2.1 섬유함유량 17
2.2.2 수지의 유리전이온도 18
2.2.3 치수 18
2.3 역학적 특성 18
2.3.1 인장강도와 탄성계수 18
2.3.2 설계인장강도와 설계탄성계수 19
2.3.3 부착강도 20

03 장 설계 일반
3.1 일반사항 21
3.2 하중 21
3.3 강도 22
3.4 사용성 22

3.4.1 일반 22
3.4.2 처짐 22
3.4.3 균열 23
3.4.4 크리프와 피로 23

04장 휨설계

4.1 일반사항 25
4.2 휨강도 25
4.2.1 일반사항 25
4.2.2 균형보강비와 강도감소계수 26
4.2.3 직사각형 보의 설계강도 27
4.2.4 최소 FRP 보강량 28
4.3 사용성 28
4.3.1 일반사항 28
4.3.2 균열 28
4.3.3 처짐 29
4.3.4 크리프와 피로 30

05장 전단설계

5.1 일반사항 31
5.2 전단강도 31
5.2.1 일반사항 31
5.2.2 콘크리트에 의한 전단강도 32
5.2.3 FRP 보강근에 의한 전단강도 32
5.3 최소 전단보강량 34
5.4 FRP 스터럽의 세부사항 34

06 장 정착과 이음

6.1 일반사항 35

6.2 정착길이 35

6.2.1 직선 FRP 보강근의 정착길이 35

6.2.2 굽힘 FRP 보강근의 정착길이 36

6.2.3 헤디드 FRP 보강근의 정착길이 37

6.3 휨 보강근의 정착 37

6.3.1 일반사항 37

6.3.2 정모멘트 보강근의 정착 38

6.3.3 부모멘트 보강근의 정착 38

6.4 겹침이음 38

07 장 FRP 보강근 상세

7.1 수축 및 온도보강근 39

7.2 배근 간격 39

7.3 콘크리트 최소 피복두께 40

08 장 콘크리트 교량 바닥판

8.1 일반 사항 41

8.2 구조 상세 41

8.2.1 바닥판의 최소두께 41

8.2.2 주근의 배력근 간격 42

8.2.3 배력근 42

8.2.4 다발 FRP 보강근 42

참고문헌 43

설계예제

· 일반 구조단면 46

· 교량 바닥판 82

제1장 총 칙

1.1 목적

이 설계지침의 목적은 fiber reinforced polymer(FRP) 보강근을 사용한 구조물의 안전성, 사용성 및 내구성을 확보하기 위한 최소한의 요구조건을 제시하는 것이다.

1.2 적용 범위

(1) 이 설계지침은 유리섬유, 아라미드섬유, 탄소섬유 보강근과 같이 FRP 보강근을 철근 대체재로 구조물을 설계할 때 일반적이고 기본적인 요구사항을 규정한 것이다.

(2) 이 설계지침에 규정되어 있지 않은 사항에 대해서는 국토교통부 제정 관련 설계기준이나 설계지침에 따른다.

1.3 기호

a 등가직사각형 응력블록의 깊이 (mm)

A_f FRP 보강근 단면적 (mm^2)

A_{fbar} FRP 보강근 한 개의 단면적 (mm^2)

A_{fmin} 균열이 발생할 때 취성적인 휨파괴 방지를 위한 최소 FRP 보강근의 단면적 (mm^2)

$A_{f,sh}$ 단위길이(m)당 온도 및 수축 FRP 보강근 단면적 (mm^2)

A_{fv} 간격 s 내의 FRP 전단보강근의 단면적 (mm^2)

A_{fvmin} 간격 s 내의 FRP 전단보강근의 최소단면적 (mm^2)

A_s 인장철근의 단면적 (mm^2)

b 부재의 압축면의 유효폭 (mm)

b_0 슬래브와 기초판에서 2방향 전단에 대한 위험단면의 둘레 (mm)

b_w 부재의 복부 폭 (mm)

c 압축연단에서 중립축까지 거리 (mm)

c_b 균형상태에서 압축연단부부터 중립축까지 거리 (mm)

c_c 피복두께 (mm)

C 인장보강근의 중심간 간격 또는 보강근 중심에서 가장 가까운 콘크리트 연단까지 거리 (mm)

C_E 다양한 FRP 보강근 종류 및 노출환경에 따른 환경감소계수

d 보의 유효깊이 (mm)

d_b 철근 또는 FRP 보강근의 공칭지름 (mm)

d_c 인장 연단부부터 인장보강근 중심 또는 가장 가까이 위치한 보강근까지 피복두께 (mm)

$d_{c,side}$ 측면연단부부터 인장보강근 중심 또는 가장 가까이 위치한 보강근까지 피복두께 (mm)

E_c 콘크리트 탄성계수 (MPa)

E_f FRP 보강근 탄성계수(설계값은 시험편 샘플의 평균값으로 정의함 ($E_f = E_{f,ave}$)) (MPa)

$E_{f,ave}$ FRP 보강근의 평균 탄성계수 (MPa)

E_s 철근의 탄성계수 (MPa)

f_{ck} 콘크리트의 설계기준 압축강도 (MPa)

f_f 압축단 콘크리트 변형률이 극한변형률에 도달할 때 FRP 보강근의 인장응력 (MPa)

f_{fb} FRP 보강근의 굽힘부 설계인장강도 (MPa)

f_{fr} 요구되는 보강근 응력 (MPa)

f_{fs} 사용하중을 받을 때 FRP 보강근 응력 수준 (MPa)

$f_{fs,sus}$ 지속하중을 받을 때 FRP 보강근 응력 수준 (MPa)

f_{fu} FRP 보강근의 설계인장강도(환경감소계수가 적용된 인장강도로 정의) (MPa)

f_{fu*} FRP 보강근의 보장(Guaranteed) 인장강도(시험편 평균값에서 표준편차의 3배를 제외한 값) (MPa)

f_{fv} 전단설계를 위한 FRP 보강근의 인장강도(설계인장강도 f_{fu}, FRP 스터럽의 굽힘부 강도 f_{fb}, 또는 $0.004E_f$에 상응하는 응력 중 최소값) (MPa)

$f_{u,ave}$ FRP 보강근 인장 시험편의 평균 인장강도 (MPa)

h 부재의 전체 두께 또는 깊이 (mm)

I 부재 단면의 단면2차모멘트 (mm^4)

I_{cr} 균열 단면의 단면2차모멘트 (mm^4)

I_e 유효단면2차모멘트 (mm^4)

I_g 보강근을 무시한 콘크리트 전체 단면의 중심축에 대한 단면2차모멘트 (mm^4)

k 압축단부터 중립축과 인장보강근 중심과 거리 비

k_b 부착 의존계수

K_1 경계 조건에 따른 매개변수

K_4 굽힘 보강근의 정착길이가 계산에 사용되는 계수

ℓ 부재의 길이 (m)

ℓ_a 받침부에서 그 중심선을 지난 묻힘길이 또는 변곡점을 지난 묻힘길이. 변곡점의 경우 부재의 유효깊이와 $12d_b$ 중에서 큰 값 (mm)

ℓ_{bhf} 위험단면부터 갈고리 위측 단부까지 거리로 나타낸 인장을 받는 표준갈고리의 정착길이(위험단면과 갈고리 시작점 사이의 직선 묻힘길이+구부림 내면 반지름+FRP 보강근 공칭지름) (mm)

ℓ_d 정착길이 (mm)

ℓ_e 보강근 묻힘길이 (mm)

ℓ_{thf} FRP 보강근 갈고리의 꼬리 길이 (mm)

M_a 처짐을 계산할 때 부재의 최대 휨모멘트 (N · mm)

M_{cr} 외력에 의해 단면에서 휨균열을 일으키는 휨모멘트 (N · mm)

M_n 단면의 공칭휨강도 (N · mm)

$M_{s,sus}$ 지속하중에 의한 휨모멘트 (N · mm)

M_{serv} 사용하중 휨모멘트 (N · mm)

M_u 단면의 계수휨모멘트 (N · mm)

n_f FRP 보강근의 탄성계수와 콘크리트 탄성계수 비

r_b FRP 보강근의 굽힘 내부 반경 (mm)

s 보강근의 중심 간격 (mm)

T_g 유리전이온도 (℃)

u FRP 보강근의 표면에 작용하는 평균 부착응력 (MPa)

V_c 콘크리트에 의한 단면의 공칭전단강도 (N)

V_f FRP 스터럽에 의한 단면의 공칭전단강도 (N)

V_n 단면의 공칭전단강도 (N)

V_s 전단철근에 의한 단면의 공칭전단강도 (N)

V_u 단면에서 계수전단력 (N)

w_{slab} 슬래브의 자중 (N/㎡)

y_t 보강근을 무시한 전체 단면적의 중심축에서 인장측 연단까지 거리 (mm)

α 상단 보강근 위치 보정계수

α_1 등가직사각형 응력블록의 평균 응력비

β 중립축에서 인장 연단면까지 거리와 중립축에서 인장 보강근 중심까지 거리 비

β_1　등가직사각형 응력블록과 관계된 계수 (28 MPa의 콘크리트 압축강도까지는 0.85 사용. 28 MPa을 초과하는 강도의 경우 1 MPa당 0.007을 차감함. 어떠한 경우도 0.65보다 작을 수 없음)

$\Delta_{(cp+sh)}$　지속하중을 받을 때 크리프와 건조수축에 의한 추가 처짐 (mm)

$(\Delta_i)_{sus}$　지속하중에 의한 순간 처짐 (mm)

$(\Delta/\ell)_{max}$　처짐 - 경간비에 대한 제한값

ε_c　콘크리트의 변형률

ε_{cu}　콘크리트의 극한변형률

ε_f　FRP 보강근의 변형률

$\varepsilon_{f,ave}$　FRP 보강근 인장시험편이 파괴될 때 평균 인장변형률

ε_{fs}　사용하중을 받을 때 FRP 보강근 변형률

ε_{fu}　FRP 보강근의 설계파단변형률 ($\varepsilon_{fu} = C_E\, \varepsilon_{fu}{}^*$)

$\varepsilon_{fu}{}^*$　FRP 보강근 인장시험편의 평균값에서 표준편차의 3배를 제외한 보강파단변형률. FRP 보강근의 보강파단변형률 ($\varepsilon_{fu}{}^* = \varepsilon_{f,ave} - 3\sigma$) (mm/mm)

ϕ　강도감소계수

η　압축 연단부에서 인장 보강근 중심까지 거리(d)와 휨부재 깊이(h)의 비

λ　경량콘크리트계수

λ_Δ　장기 추가처짐에 대한 계수

μ　온도 수축 및 보강근의 계산을 위한 지반의 마찰계수

θ　스터럽 또는 나선형 보강근의 경사각

ρ_f　FRP 보강근 보강비

$\rho_f{}'$　압축 보강 FRP 보강근 보강비

$\rho_{f,ts}$　온도 및 수축 FRP 보강근의 보강비

ρ_{fb}　균형단면 FRP 보강근 보강비

ρ_{fv}　전단 FRP 보강근 보강비

σ　표준편차

ξ　지속하중에 대한 시간경과계수

f_{fuh}　헤디드 FRP 보강근의 인장강도 (MPa, γ_{hd})

제2장 재료

2.1 일반사항

(1) 이 지침이 적용되는 FRP 보강근은 연속섬유와 열경화성 수지(matrix)를 사용하여 봉상 형태로 공장 제작된 것이어야 한다.

(2) FRP 보강근에 사용되는 수지는 비닐에스테르 또는 에폭시 수지이어야 하며, 충전재 또는 첨가제가 사용되는 경우 그 양은 적절한 수준 이내로 제한되어야 한다.

(3) FRP 보강근은 콘크리트와 충분한 부착성능이 확보되도록 제작되어야 한다.

2.2 물리적 특성

2.2.1 섬유함유량

(1) FRP 보강근에 사용되는 섬유의 함유량은 부피 비율 55% 이상이어야 한다.

(2) FRP 보강근 섬유함유량 측정은 한국산업표준(KS)에 따라 구한다.

2.2.2 수지의 유리전이온도

(1) FRP 보강근에 사용되는 수지의 유리전이온도는 100℃ 이상이어야 한다.

(2) FRP 보강근에 사용되는 수지의 유리전이온도 측정은 한국산업표준(KS)에 따라 구한다.

2.2.3 치수

(1) FRP 보강근의 치수는 한국산업표준(KS)에 규정된 봉강의 호칭, 공칭 지름, 공칭 단면적을 따르되 이 지침이 적용되는 FRP 보강근은 D6~D32 사이로 한정한다.

(2) FRP 보강근의 공칭 단면적, 공칭 지름은 한국산업표준(KS)에 따라 구한다.

2.3 역학적 특성

2.3.1 인장강도와 탄성계수

(1) FRP 보강근은 파단시까지 선형 탄성 재료로 가정한다.

(2) FRP 보강근 생산자는 주기적으로 한국산업표준(KS)에서 제시한 FRP 보강근 인장 특성 실험을 실시하고 측정된 인장강도와 탄성계수에 대한 기록을 유지 · 보관해야 하며, 사용자가 요구할 때 제시하여야 한다.

(3) 인장 특성 실험을 통해 식 (2.1)로 인장강도를 구한다.

$$f_{fu}{}^* = f_{u,ave} - 3\sigma \tag{2.1}$$

여기서, $f_{fu}{}^*$는 FRP 보강근의 보장(Guaranteed)인장강도, $f_{u,ave}$는 시험으로 구한 FRP 보강근의 평균인장강도, $\varepsilon_{fu}{}^*$는 보장극한변형률, $\varepsilon_{u,ave}$는 시험으로 구한 평균변형률, σ는 각 시험의 표준편차이다.

(4) 인장 특성 실험을 통해 구한 탄성계수는 표 2.1에서 제시한 최소값 이상이어야 한다.

표 2.1 **FRP 보강근의 최소 탄성계수**

FRP 보강근 섬유	최소 탄성계수(GPa)
탄소섬유	140
아라미드섬유	90
유리섬유	40

(5) 필요한 경우 FRP 보강근의 극한변형률은 선형 탄성 가정을 통해 유도할 수 있다.

2.3.2 설계인장강도와 설계탄성계수

(1) FRP 보강근의 설계인장강도 및 설계극한변형률은 보장인장강도와 보장극한변형률에 환경감소계수를 적용하여 식(2.2)에 의해 구한다.

$$f_{fu} = C_E f_{fu}^* \tag{2.2}$$

여기서, f_{fu}는 설계인장강도, f_{fu}^*는 보장인장강도, C_E는 환경감소계수이다.

(2) 환경감소계수 C_E는 콘크리트 구조물의 노출환경 및 FRP 보강근 섬유에 따라 표 2.2와 같다.

표 2.2 **환경감소계수** (C_E)

<table>
<tr><th>노출 조건</th><th>FRP 보강근 섬유</th><th>환경감소계수 C_E</th></tr>
<tr><td rowspan="3">옥내 또는
흙에 노출되지 않는 콘크리트</td><td>탄소섬유</td><td>1.0</td></tr>
<tr><td>아라미드섬유</td><td>0.9</td></tr>
<tr><td>유리섬유</td><td>0.8</td></tr>
<tr><td rowspan="3">옥외 또는
흙에 노출되는 콘크리트</td><td>탄소섬유</td><td>0.9</td></tr>
<tr><td>아라미드섬유</td><td>0.8</td></tr>
<tr><td>유리섬유</td><td>0.7</td></tr>
</table>

(3) FRP 보강근의 굽힘부 설계인장강도는 식 (2.3)과 같다.

$$f_{fb} = (0.05\frac{r_b}{d_b} + 0.3)f_{fu} \leq f_{fu} \tag{2.3}$$

여기서, f_{fb}는 FRP 보강근의 굽힘부 설계인장강도, f_{fu}는 FRP 보강근의 설계인장강도, r_b는 FRP 보강근 굽힘부의 내부 굽힘반경, d_b는 FRP 보강근 직경이다.

(4) 설계탄성계수는 표 2.1을 따른다.

2.3.3 부착강도

(1) FRP 보강근의 인발 부착강도는 한국산업표준(KS)에 따라 구한다.

(2) 콘크리트에 사용되는 FRP 보강근의 인발 부착강도는 10MPa 이상을 확보해야 한다.

제3장 설계 일반

3.1 일반사항

강도 및 구조해석은 이 지침을 적용하고 이 지침에서 규정되어 있지 않는 사항은 "콘크리트구조 해석과 설계원칙(KDS 14 20 10)"을 따른다.

3.2 하중

이 지침에 따라 FRP 보강근으로 보강된 콘크리트 구조물을 설계할 때 설계하중 및 하중조합은 구조물의 종류에 따라 제정되어 있는 관련 기준을 참조한다.

3.3 강도

(1) 구조부재의 설계강도는 모든 단면에서 하중조합에 의하여 계산된 소요강도 이상이어야 한다.

(2) 설계강도는 공칭강도에 강도감소계수를 곱한 값으로 정의되며, 이 값은 외력에 의한 계수하중에 의한 단면력을 상회하도록 해야 한다.

(2) 휨 및 전단에 대한 설계강도의 계산은 각각 4장 및 5장의 규정을 따른다.

3.4 사용성

3.4.1 일반

(1) FRP 보강근 콘트리트 구조는 사용기간 중 구조물의 기능과 성능을 충분히 유지하도록 사용성과 내구성을 확보해야 한다.

(2) 사용성 검토는 처짐, 균열, 크리프와 피로의 영향 등을 고려해야 한다.

3.4.2 처짐

(1) 콘크리트 부재 또는 구조물의 변형은 원래의 구조성능 및 외관에 심각한 영향을 주지 않아야 한다.

(2) 기타 기준이 없는 경우 FRP 보강근 콘크리트 구조에 대한 활하중 및 충격에 의한 순간처짐은 다음과 같이 제한하여야 한다.

① 차량하중, 일반 : 경간/800

② 차량하중 또는 보행자하중 : 경간/1000

③ 캔틸레버의 차량하중 : 경간/300

④ 캔틸레버의 차량하중 또는 보행자하중 : 경간/375

(3) 기타 기준이 없는 경우 FRP 보강근 콘크리트 구조에 대해 모든 지속하중에 의한 장기처짐과 추가 활하중에 의한 순간처짐의 합인 총 처짐량은 다음과 같이 제한해야 한다.

① 과도한 처짐에 의해 손상되기 쉬운 비구조 요소를 지지 또는 부착한 지붕 또는 바닥구조 : 경간/480

② 과도한 처짐에 의한 손상될 염려가 없는 비구조 요소를 지지 또는 부착한 지붕 또는 바닥구조 : 경간/240

3.4.3 균열

(1) 구조물의 기능과 외관상 수용할 수 없을 정도의 균열폭은 제한하여야 한다.

(2) 사용하중에 대한 허용 균열폭은 0.5mm로 제한한다.

3.4.4 크리프와 피로

(1) 지속하중을 받을 때 크리프 파괴와 반복하중 및 피로하중에 의한 피로파괴를 방지하기 위해서 이들 하중조건에 대해 보강근의 응력 수준을 표 3.1과 같이 제한해야 한다.

표 3.1 FRP 보강근에서 크리프 파괴응력 한계 (MPa)

섬유 종류	GFRP	AFRP	CFRP
응력한계, $f_{fs,\,sus}$	0.20 f_{fu}	0.30 f_{fu}	0.55 f_{fu}

제4장 휨설계

4.1 일반사항

(1) 이 장의 규정은 휨모멘트 또는 휨모멘트와 축력이 동시에 작용하는 부재 중에서 평면 유지의 법칙이 유효한 응력 균일영역의 설계에 적용한다.

(2) 평면 유지의 법칙이 적용되지 않는 교란영역에 해당하는 구간 또는 부재의 설계는 스트럿타이 모델 등 기타 합리적인 설계 절차를 적용해야 한다.

4.2 휨강도

4.2.1 일반사항

(1) 설계휨강도는 공칭휨강도에 강도감소계수를 곱한 값으로 정의되며, 이 값은 외력에 의한 계수휨모멘트를 식 (4.1)과 같이 상회하도록 하여야 한다.

$$\phi M_n \geq M_u \qquad (4.1)$$

(2) FRP 보강근 콘크리트 구조는 보강비에 따라 콘크리트 압축파괴 또는 FRP 인장 파괴가 발생할 수 있으며, 휨에 대한 강도감소계수는 파괴모드를 반영하여 4.2.2절을 적용한다.

(3) 공칭휨강도는 콘크리트의 압축파괴 또는 FRP 보강근의 인장파괴 순간의 변형률 적합조건과 내력 평형에 의해 구할 수 있다.

(4) 직사각형 또는 일방향 슬래브는 4.2.3절에서 제시하는 직사각형 응력블록을 이용하는 방법을 사용할 수 있으며, 그 외의 휨 부재의 경우 콘크리트 재료의 응력변형률 관계 곡선을 이용한 단면 해석을 통해 구할 수 있다.

4.2.2 균형보강비와 강도감소계수

(1) 균형보강비는 콘크리트의 압축파괴와 FRP 보강근의 인장파괴가 동시에 발생하는 보강비로 정의되며, FRP 보강근의 인장파괴는 설계인장강도를 사용하여 계산한다.

(2) 휨에 대한 강도감소계수는 FRP 보강근의 보강비에 따라 식 (4.2)와 같다.

$$\phi = \begin{cases} 0.55 & \rho_f \le \rho_{fb} \\ 0.3 + 0.25\dfrac{\rho_f}{\rho_{fb}} & \rho_{fb} < \rho_f < 1.4\rho_{fb} \\ 0.65 & \rho_f \ge 1.4\rho_{fb} \end{cases} \tag{4.2}$$

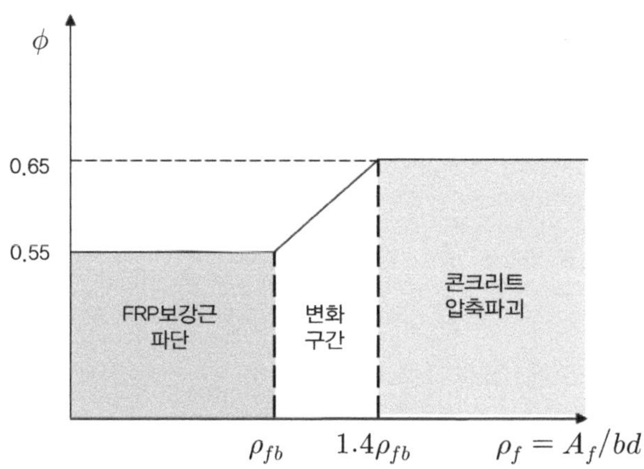

그림 4.1 보강비에 따른 강도감소계수

4.2.3 직사각형 보의 설계휨강도

(1) 직사각형 보 또는 일방향 슬래브의 경우 FRP 보강근비 및 균형보강비는 식 (4.3), (4.4)와 같다.

$$\rho_f = \frac{A_f}{bd} \tag{4.3}$$

$$\rho_{fb} = 0.85\beta_1 \frac{f_{ck}}{f_{fu}} \frac{E_f \varepsilon_{cu}}{E_f \varepsilon_{cu} + f_{fu}} \tag{4.4}$$

(2) FRP 보강비가 $\rho_f > \rho_{fb}$인 경우 변형률 적합 조건과 내력평형방정식에 근거하여 유도된 공칭휨강도(M_n)는 식 (4.5)와 같다.

$$M_n = A_f f_f \left(d - \frac{a}{2} \right) \tag{4.5}$$

여기서, $a = \dfrac{A_f f_f}{0.85 f_{ck} b}$ (4.6)

$$f_f = \left(\sqrt{\frac{(E_f \varepsilon_{cu})^2}{4} + \frac{0.85\beta_1 f_{ck}}{\rho_f} E_f \varepsilon_{cu}} - 0.5 E_f \varepsilon_{cu} \right) \le f_{fu} \tag{4.7}$$

β_1 : 등가직사각형 응력블록으로써 콘크리트 강도가 28MPa 이하인 경우 0.85, 28MPa를 초과할 경우 매 1MPa의 강도에 대해 0.007씩 감소시킨다. 그러나 그 값은 0.65보다 작지 않게 한다.

(3) FRP 보강비가 $\rho_f < \rho_{fb}$인 경우 식 (4.8)을 사용하여 공칭휨강도를 계산할 수 있다.

$$M_n = A_f f_{fu} \left(d - \frac{\beta_1 c_b}{2} \right) \tag{4.8}$$

여기서, $c_b = \left(\dfrac{\varepsilon_{cu}}{\varepsilon_{cu} + \varepsilon_{fu}} \right) d$ (4.9)

4.2.4 최소 FRP 보강량

(1) FRP 보강근 콘크리트 구조는 휨 부재에 대해 식 (4.10)에서 제시하는 최소보강량 이상 보강되어야 하다.

$$A_{f.\min} = \frac{0.41\sqrt{f_{ck}}}{f_{fu}}b_w d \geq \frac{2.3}{f_{fu}}b_w d \tag{4.10}$$

(2) 다만, 모든 단면에서 해석에 의해 필요한 보강량보다 1/3 이상 FRP 보강근이 더 배치되는 경우에는 식 (4.10)을 적용하지 않을 수 있다.

4.3 사용성

4.3.1 일반사항

사용성 검토는 처짐, 균열, 크리프와 피로에 대해 수행하며, 콘크리트를 탄성으로 가정할 수 있다. 단, 콘크리트의 인장강도는 균열 발생 후 무시한다.

4.3.2 균열

사용하중 상태에서 휨 부재의 최대 균열폭은 식 (4.11)에 의해 계산할 수 있다.

$$w = 2\frac{f_{f,s}}{E_f}\beta k_b\sqrt{d_c^2 + (\frac{s}{2})^2} \tag{4.11}$$

여기서, f_{fs}는 사용한계상태에서 FRP 보강근 인장응력 [MPa], E_f는 FRP 보강근의 탄성계수 [MPa], β는 중립축 인장연단과 인장 FRP 보강근 중심까지 길이 비($(h-c)/(d-c)$), k_b는 휨부착계수로 실험으로 결정되며, 실험데이터가 없는 경우 규사코팅 FRP 보강근은 0.8, 이형 FRP 보강근 1.0, 그 외 보강근은 1.4를 적용할 수 있다. 그리고

d_c는 인장연단으로부터 최외각 인장 FRP 보강근 중심까지 거리 [mm]이며, s는 배근간격 [mm]이다.

4.3.3 처짐

(1) FRP 보강근의 경우 사용성 수준에서 처짐에 대한 규정은 정적하중에 대해서만 적용하며 지진, 바람, 진동 등의 동적하중에 대해서는 적용하지 않는다.

(2) 보와 일방향 슬래브는 표 4.1에서 제시하는 최소 두께(KCI 2012)를 만족해야 하며, 필요한 경우 개별 구조물별 허용한계 처짐과 합리적인 방법으로 계산된 처짐과 비교하여야 한다.

표 4.1 프리스트레스트되지 않은 보와 일방향 슬래브에 권장되는 최소 두께

	단순지지	1단 연속	2단 연속	캔틸레버
일방향 슬래브	$l/20$	$l/24$	$l/28$	$l/10$
보	$l/16$	$l/18.5$	$l/21$	$l/8$

(3) 부재의 강성도를 엄밀한 해석방법으로 구하지 않는 경우 FRP 보강근 일방향 휨부재의 단기 처짐(사용하중에서 순간 처짐)은 식 (4.12)의 유효단면이차모멘트를 이용하여 계산할 수 있다.

$$I_e = \begin{cases} (\frac{M_{cr}}{M_a})^3 \beta_d I_g + \left[1 - (\frac{M_{cr}}{M_a})^3\right] I_{cr} \le I_g & M_a \geqq M_{cr} \\ I_g & M_a < M_{cr} \end{cases} \tag{4.12}$$

$$M_{cr} = \frac{f_r I_g}{y_t} \tag{4.13}$$

$$f_r = 0.63\sqrt{f_{ck}} \tag{4.14}$$

$$\beta_d = \frac{1}{5}\frac{\rho_f}{\rho_{fb}} \le 1.0 \tag{4.15}$$

이고, M_a는 고려하는 사용하중 조건의 휨모멘트로 균열모멘트 M_{cr}보다 작지만 근접하는 경우에는 M_{cr}을 적용한다.

(4) 엄밀한 해석에 의하지 않는 한, FRP 보강근 콘크리트 휨부재의 크리프와 건조수축에 의한 추가 장기처짐 $\Delta_{(cp+sh)}$는 식 (4.16)에 의해 계산할 수 있다.

$$\Delta_{(cp+sh)} = 0.6\xi(\Delta_i)_{sus} \tag{4.16}$$

여기서, ξ은 지속하중에 대한 시간경과계수(=1.0(3개월), 1.2(6개월), 1.4(12개월), 2.0(60개월 또는 그 이상))이고, $(\Delta_i)_{sus}$는 해당 지속하중에 의해 생긴 순간처짐이다.

4.3.4 크리프와 피로

지속하중을 받을 때 크리프 파괴와 반복하중 및 피로하중에 의한 피로파괴를 방지하기 위해서는 식 (4.17)에 의해 계산된 FRP 보강근 응력 f_{fs}가 3.4.4절의 FRP 보강근 응력 제한 조건을 만족하여야 한다.

$$f_{fs} = M_{s,\,sus}\frac{n_f d(1-k)}{I_{cr}} \tag{4.17}$$

여기서, f_{fs}는 사용하중을 받을 때 FRP 보강근 응력 수준 [MPa]이고, M_s는 사용하중에 의한 휨모멘트 [N · mm]이다.

제5장 전단설계

5.1 일반사항

(1) 이 장의 규정은 평면 유지의 법칙이 유효한 응력 균일영역의 전단설계에 적용한다.

(2) 이 장에서 규정하고 있는 설계법은 축방향 인장력이 크게 작용하지 않는 부재에 한하여 적용한다.

5.2 전단강도

5.2.1 일반사항

(1) 전단력이 작용하는 단면은 식 (5.1)과 같이 설계전단강도 ϕV_n이 계수전단력 V_u 이상이 되도록 설계하여야 한다.

$$\phi V_n \geq V_u \tag{5.1}$$

여기서, V_u는 해당 단면의 계수전단력이며, V_n은 식 (5.2)에 의해 계산하는 공칭전단강도이다.

$$V_n = V_c + V_f \tag{5.2}$$

여기서, V_c는 콘크리트에 의한 단면의 공칭전단강도이며, V_f는 FRP 스터럽에 의한 단면의 공칭전단강도이다.

(2) 설계전단강도 ϕV_n을 구하기 위해 적용되는 강도감소계수 ϕ는 철근콘크리트 구조와 마찬가지로 0.75를 적용한다.

5.2.2 콘크리트에 의한 전단강도

(1) FRP 보강근으로 보강된 콘크리트 휨부재의 콘크리트에 의한 공칭전단강도 V_c는 식 (5.3)을 이용하여 계산할 수 있다.

$$V_c = \frac{2}{5}\sqrt{f_{ck}}\, b_w (kd) \tag{5.3}$$

여기서, b_w는 부재의 복부 폭 (mm)이다.

5.2.3 FRP 보강근에 의한 전단강도

(1) 부재축에 직각인 전단 FRP 보강근을 사용하는 경우 식 (5.4)에 따라 공칭전단강도 V_f를 계산하여야 한다.

$$V_f = \frac{A_{fv} f_{fv} d}{s} \tag{5.4}$$

여기서, A_f는 거리 s 내의 전단보강근의 전체 단면적이며, f_{fv}는 전단설계를 위한 FRP 보강근의 설계기준 인장강도이다.

(2) 극한상태에서 FRP 스터럽의 응력은 식 (5.5)를 이용하여 구할 수 있으며, 이 값은 굽힘부의 인장강도를 초과할 수 없다.

$$f_{fv} = 0.004E_f \le f_{fb} \tag{5.5}$$

$$f_{fb} = \left(0.05\frac{r_b}{d_b} + 0.3\right)f_{fu} \le f_{fu} \tag{5.6}$$

여기서, r_b = 굽힘부 FRP 보강근의 내부 반경이다.

(3) 부재축에 수직인 FRP 스터럽을 사용하는 경우 전단보강에 필요한 간격 및 면적은 식 (5.7)에 따라 계산하여야 한다.

$$\frac{A_{fv}}{s} = \frac{(V_u - \phi V_c)}{\phi f_{fv} d} \tag{5.7}$$

(4) 경사 FRP 보강근을 FRP 스터럽으로 사용하는 경우 공칭전단강도 V_f를 식 (5.8)에 따라 계산하여야 한다.

$$V_f = \frac{A_{fv} f_{fv} d}{s}(\sin\theta + \cos\theta) \tag{5.8}$$

여기서, θ는 경사스터럽과 부재축의 사이각이며, s는 부재축방향 보강근과 평행한 방향의 FRP 스터럽 간격이다.

(5) 연속 나선 형태의 FRP 스터럽이 사용되는 경우 공칭전단강도는 식 (5.9)에 따라 계산하여야 한다.

$$V_f = \frac{A_{fv} f_{fv} d}{s}\sin\theta \tag{5.9}$$

5.3 최소 전단보강량

계수전단력 V_u가 $\frac{1}{2}\phi V_c$를 초과하는 모든 FRP 보강근 부재의 경우에는 식 (5.10)에 의해 계산된 최소 FRP 스터럽을 배치하여야 한다.

$$A_{fv,\min} = 0.35\frac{b_w s}{f_{fv}} \tag{5.10}$$

5.4 FRP 스터럽의 세부사항

(1) FRP 스터럽의 최대 간격은 $0.5d$와 600 mm 중에서 작은 값으로 한다.

(2) FRP 스터럽은 그림 5.1과 같이 90° 표준갈고리로 하여야 하며, $12d_b$ 이상의 꼬리 길이를 확보하여야 한다.

그림 5.1 FRP 스터럽의 꼬리 길이

제6장 정착과 이음

6.1 일반사항

(1) FRP 보강근 콘크리트 부재 각 단면의 FRP 보강근에 작용하는 인장력 또는 압축력이 단면의 양측에서 발휘될 수 있도록 묻힘길이, 갈고리, 단부 헤드 또는 이들의 조합에 의하여 보강근을 정착하여야 한다.

(2) 갈고리와 단부 헤드는 인장 영역에 있는 보강근의 정착에만 사용하도록 한다.

6.2 정착길이

6.2.1 직선 FRP 보강근의 정착길이

(1) 인장 정착길이 l_d는 식 (6.1)과 $20d_b$ 중에서 큰 값 이상이어야 한다.

$$l_d = \frac{\alpha \frac{f_{fr}}{0.083\sqrt{f_{ck}}} - 340}{13.6 + \frac{C}{d_b}} d_b \qquad (6.1)$$

여기서, f_{fr}은 요구되는 FRP 보강근의 응력, α는 보강근 위치수정계수, C는 보강근 중심부터 피복두께와 보강근 중심 간격의 1/2 중 작은 값이다.

(2) 식 (6.1)에서 C/d_b 값은 3.5 이하이어야 한다.

(3) 위치수정계수 α는 1.0이며, 단, 상부 보강근 아래에 300mm 이상의 콘크리트를 타설하는 경우에는 1.5를 취한다.

(4) 요구되는 FRP 보강근의 응력 f_{fr}은 휨 파괴를 보장하는 정착이 필요 없는 경우 식 (6.2)로 계산할 수 있다.

$$f_{fr} = \frac{M_u}{\phi M_n} f_f \leqq f_f \qquad (6.2)$$

여기서, ϕ는 0.55이고, f_f는 휨 설계에서 계산된 휨 파괴될 때의 응력이다.

6.2.2 굽힘 FRP 보강근의 정착길이

굽힘 FRP 보강근의 정착길이 l_{bdh}는 식 (6.3)과 $12d_b$, 230mm 중에서 큰 값 이상이어야 한다.

$$l_{bdf} = \begin{cases} 165\frac{d_b}{\sqrt{f_{ck}}} & f_{fu} \leq 520\text{MPa} \\ f_{fu}\frac{d_b}{\sqrt{f_{ck}}} & 520 \leq f_{fu} \leq 1{,}040\text{MPa} \\ 330\frac{d_b}{\sqrt{f_{ck}}} & f_{fu} \geq 1{,}040\text{MPa} \end{cases} \qquad (6.3)$$

6.2.3 헤디드 FRP 보강근의 정착길이

(1) 헤디드 FRP 보강근의 인장강도 f_{fuh}는 식 (6.4)와 같이 헤디드 FRP 보강근의 유효강도계수 γ_{hd}와 FRP 보강근의 인장강도의 곱으로 표시할 수 있으며, 유효강도계수 γ_{hd}는 실험을 통해 결정하는 것이 원칙이나, 실험결과가 없는 경우 직경 19mm 이하인 경우 0.5를 적용할 수 있다.

$$f_{fuh} = \gamma_{hd} f_{fu} \tag{6.4}$$

(2) 헤디드 FRP 보강근의 인장강도 f_{fuh}가 정착에 요구되는 FRP 보강근 응력보다 큰 경우 별도의 정착길이 없이 헤디드 FRP 보강근을 적용할 수 있다.

(3) (1)을 만족하지 못하는 경우 식 (6.5)로 정착길이를 계산한다.

$$l_{dh} = \frac{\alpha \dfrac{f_{fr} - f_{fuh}}{0.083\sqrt{f_{ck}}} - 340}{13.6 + \dfrac{C}{d_b}} d_b \tag{6.5}$$

6.3 휨 보강근의 정착

6.3.1 일반사항

(1) FRP 보강근을 갖는 휨부재에서 정착 위험단면은 최대 응력점과 경간 내에서 인접 보강근이 끝나는 구간이다.

(2) 단순보의 받침과 캔틸레버의 자유단을 제외하고, FRP 보강근은 휨에 대해 더 이상 저항할 필요가 없는 점을 지나서 부재의 유효깊이, $12d_b$ 또는 순경간의 1/20 중 큰 값만큼 연장해야 한다.

(3) 연속 보강근은 굽힘되거나 끝난 인장 보강근이 더 이상 휨을 저항하는데 필요하지 않은 점부터 정착길이 l_d 이상 연장해야 한다.

(4) 임의의 단면에서 50% 이상의 FRP 보강근이 끝날 수 없으며, 인접 보강근이 동일한 단면에서 끝날 수도 없다.

6.3.2 정모멘트 보강근의 정착

단순지지부재에서 정모멘트 보강근의 1/3 이상, 연속부재에서 정모멘트 보강근의 1/4 이상을 부재의 같은 면을 따라 받침부까지 연장하여야 한다. 보의 경우는 이러한 보강근을 받침부 내로 150mm 이상 연장하여야 한다.

6.3.3 부모멘트 보강근의 정착

받침부에서 부모멘트부에 보강된 전체 인장 보강근의 1/3 이상은 부재의 유효깊이, $12d_b$, 순경간의 1/16 중 가장 큰 값 이상의 묻힘길이를 변곡점을 지나 연장하여야 한다.

6.4 겹침이음

(1) 인장 보강근의 겹침이음 길이는 300mm와 $1.3l_d$ 중에서 큰 값 이상이 되어야 한다.

(2) 휨 부재에서 서로 접촉하지 않게 겹침이음된 보강근은 횡방향으로 소요 겹침이음 길이의 1/5 또는 150mm 중 작은 값 이상 떨어지지 않아야 한다.

제7장 FRP 보강근 상세

7.1 수축 및 온도보강근

(1) 건조수축 및 온도보강근으로 배치되는 FRP 보강근은 식 (7.1)의 보강비 이상으로 하나, 어떠한 경우에도 0.0014 이상이어야 한다. 단, 건조수축 및 온도보강근 보강비 계산은 콘크리트 전체 단면적을 기준으로 한다.

$$\rho_{f,ts} = 0.75 \times \frac{1}{f_{fu}} \frac{E_s}{E_f} \le 0.0036 \tag{7.1}$$

(2) 건조수축 및 온도 FRP 보강근 배치 간격은 슬래브 두께의 3배, 300mm 미만으로 하여야 한다.

7.2 배근 간격

(1) FRP 보강근의 최소 배근 간격은 현장타설 콘크리트의 경우 식 (7.2), 프리캐스

트 콘크리트의 경우 식 (7.3)으로 한다.

$$s_{\min} = \max(1.5d_b,\ 1.5d_a,\ 40\text{mm}) \tag{7.2}$$

$$s_{\min} = \max(d_b,\ 1.33d_a,\ 25\text{mm}) \tag{7.3}$$

(2) 건조수축 및 온도 보강근의 최대 배근 간격은 부재 두께의 3배 또는 300mm를 넘지 않아야 한다.

(3) 주근의 최대 배근 간격은 부재 두께의 1.5배 또는 300mm를 넘지 않아야 한다.

7.3 콘크리트 최소 피복두께

FRP 보강근 콘크리트 부재의 최소 피복두께는 보강근 직경의 2배와 30mm 중 큰 값으로 한다.

제8장 콘크리트 교량 바닥판

8.1 일반 사항

(1) 이 장의 규정은 FRP 보강근을 사용한 콘크리트 바닥판의 설계에 적용한다.
(2) 이 장에서 규정하지 않은 재료, 하중, 설계 방법 등은 1장~7장을 따른다.

8.2 구조 상세

8.2.1 바닥판의 최소두께

특별히 요구되지 않는 한, 콘크리트 바닥판은 홈 또는 마모 방지층의 두께를 뺀 바닥판 최소두께는 220mm 이상이어야 한다. 프리스트레스트 콘크리트 바닥판의 최소두께는 200mm 이상이어야 한다.

8.2.2 주근의 배근 간격

(1) 주근의 최소 배근 간격은 현장타설바닥판의 경우 식 (8.1), 프리캐스트 바닥판의 경우 식 (8.2)로 한다.

$$s_{\min} = \max(1.5d_b,\ 1.5d_a,\ 40\text{mm}) \tag{8.1}$$

$$s_{\min} = \max(d_b,\ 1.33d_a,\ 25\text{mm}) \tag{8.2}$$

(2) 주근의 최대 배근 간격은 바닥판 두께의 1.5배 또한 450mm를 넘지 않아야 한다.

8.2.3 배력근

집중하중으로 작용하는 윤하중을 수평방향으로 분산시키기 위해 정모멘트에 발생되는 바닥판 하부에는 주근의 직각방향으로 배력 보강근을 배치하여야 한다. 이때 보강근량은 정모멘트에 의해 소요되는 주근량에 대해 다음과 같이 계산한 백분율을 적용한 값으로 한다. 여기서, l은 바닥판의 경간(m)이다.

(1) 주근이 차량 진행방향에 직각인 경우

$$\frac{120}{\sqrt{l}} \le \frac{200}{3}\,\%$$

(2) 주근이 차량 진행방향에 평행한 경우

$$\frac{120}{\sqrt{l}} \le 50\,\%$$

8.2.4 다발 FRP 보강근

교량 바닥판에 FRP 보강근의 적용할 때는 겹침이음을 제외하고는 다발 FRP 보강근을 사용하지 않도록 한다.

참고문헌

1) Benmokrane, B., Challal, O., and Masmoudi, R. (1996). "Flexural Respones of Concrete Beams Reinforced with FRP reinforcing Bars", ACI Structural Journal, 93(1), 46-55.

2) Bischoff, P. (2005). "Reevaluation of Deflection Prediction for Concrete Beams Reinforced with steel and Fiber-Reinforced Polymer Bars", Journal of Structural Engineering, 131(5), 752-767.

3) Bischoff, P.H., and Gross, S.P. (2011). "Equivalent Moment of Inertia Based on Integration of Curvature", Journal of Composites for Construction, 15(3), 263-273.

4) Branson, D.E. (1965). "Instantaneous and Time-Dependent Deflections of Simple and Continuous Reinforced Concrete Beams", HPR Report No. 7, Alabama Highway Department, Bureau of Public Roads, Montgomery, AL.

5) Brown, V. (1997). "Sustained Load Deflections in GFRP-Reinforced Concrete Beams", proceedings of the Third International Symposium on Non-Metallic(FRP) Reinforcement of Concrete Structures (FPRRCS-3), Japan Concrete Institute, Tokyo, Japan.

6) Dowden, D.M. and Dolan, C.W. (1997). "Comparison of Experimental Shear Data with Code Predictions for FRP Prestessed Beams", Proceedings of the Third International Symposium on Non-Metallic (FRP) Reinforcements for Concrete Structures (FRPRCS-3), Japan Concrete Institute, Tokyo, Japan.

7) Ehsani, M.R., Saadatmanesh, H., and Tao, S. (1995). "Bond of Hooked Glass Fiber Reinforced Plastic (GFRP) Reinforcing Batrs to Concrete", ACI Materials Journals Journal, 92(4), 391-400.

8) Gross, S., Yost, J., and Kevgas, G. (2003). "Time-Dependent Behavior of Nomal and High Strength Concrete Beams Reinforced with GFRP Bars Under Sustained Loads", High Performance Materials in Bridges, ASCE, Reston, VA.

9) Joint ACI-ASCE Committee 426 (1973). The Shear Strength of Reinforced Concrete Members, Journal of the Structural Division, 99(6), 1091-1197.

10) Okmoto, T., Nagasaka, T., and Tanigaki, M. (1944). "Shear Capacity of Concrete Beams Using FRP Reinforcement", Journal of Structural Construction Engineering, 455, 127-136.

11) Ospina, C.E., Alexander, S., and Cheng, J.J. (2001). "Behaviour of Concrete Slabs with Fibre-Reinforced Polymer Reinforcement", Structural Engineering Report No. 242.

Department of Civil and Environmental Engineering, University of Alberta, AB, Canada.

12) Priestley, M.N., Seible, F., and Calvi, G.M. (1996). Seismic Design and Retrofit of Bridges, John Wiley and Sons, New York.

13) Szerszen, M., and Nowak, A. (2003). "Calibration of Design Code for Buildings (ACI 318): Part 2_Reliability Analysis and Resistance Factors", ACI Structural Journal, 100(3), 383-391.

14) Wambeke, B., and Shield, C. (2006). "Development Length of Glass Fiber Reinforced Polymer Bars in Concrete", ACI Structural Journal, 103(1), 11-17.

15) Wang, J. (1998). "Determination of the Shear Resistance forced Plastics", MS thesis, Carleton University, Ottawa, ON, Canada.

16) Zhao, W., Maruyama, K., and Suzuki, H. (1995). "Shear Behavior of Concrete Beams Reinforced by FRP Rods as Second International RILEM Symposium on Non-Metallic(FRP) Reinforcement for Concrete Structures (FRPPCS-2), Ghent, Belgium.

17) CSA Canadian Standards Association (2012). Design and Construction of Building Structure with Fiber-reinforced Polymers (CAN/CSA S806-12).

18) CSA Canadian Standards Association (2006). Canadian Highway Bridge Design Code S6-06 (CHBDC CAN/CSA-S6-06).

19) CSA Canadian Standards Association (2014). Canadian Highway Bridge Design Code S6-14 (CHDBC CAN/CSA-S6-14)

20) American Concete Institute (2006). Guide for the Design and Construction of Structural Concrete Reinforced with FRP Bars (ACI 440.1R-06).

21) American Concete Institute (2015). Guide for the Design and Construction of Structural Concrete Reinforced with Fiber-Reinforced Polymer (FRP) Bars (ACI 440.1R-15).

22) American Association of State Highway and Transportation Officials (2009). AASHTO LRFD Bridge Design Guide Specifications for GFRP-reinforced Concrete Bridge Decks and Traffic Railings.

23) American Concrete Institute (2014). Build Code Requirements for Structural Concrete (ACI 318-14).

24) Japan Society of Civil Engineering (1997). Recommendation for Design and Construction for Concrete Structures Using Continuous Fiber Reinforcing Materials, Concrete Engineering Series No. 23.

25) Worner, V.J. (2015). Use of Glass Fibre Reinforced Polymer (GFRP) reinforcing bars for concrete bridge decks, Master' s thesis, University of Canterbury,

26) Elgabbas, F.M. (2016). Development and structural testing of new basalt fiber-reinforced-polymer (BFRP) bars in RC beams and bridge-deck slabs, PhD thesis, University of Sherbrooke.

27) Mohamed, Hamdy M., and Brahim Benmokrane (2012). "Pullout capacity behavior of FRP-headed rebars", 6th International Conference on FRP Composites in Civil Engineering (CICE 2012). Rome, Italy.

28) Cho, J.R., Park, Y.H., Park, S.Y., and Kim, S.T. (2017). "Pullout Behavior of Concrete-Headed GFRP Rebars", ASEM 2017, Koyang City, Korea.

29) Ju, M., Park, Y., and Park, C. (2017). "Cracking control comparison in the specifications of serviceability in cracking for FRP reinforced concrete beams", Composite Structures, 182, 674-684.

(일반 구조단면)

1. 압축지배 단면의 휨강도

〈그림 1〉의 압축지배 보 단면에서 등가직사각형 콘크리트 응력블록을 사용하여 정적 평형상태의 휨강도를 계산하시오.

압축보강근 ($f_{ck}=28\text{MPa}$, $f_{fu}{}^{*}=550\text{MPa}$와 $E_f=41{,}000\text{MPa}$로 가정. 내부 노출된 상태로 압축보강근은 무시함)

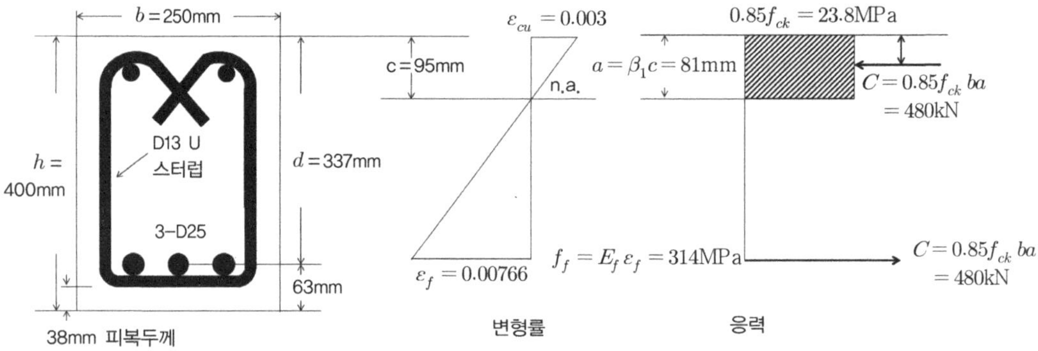

〈그림 1〉 압축지배 단면 상세 및 응력 변형률 다이어그램

풀이

○ D25 보강근의 직경과 단면적

$$d_b=25.4\,\text{mm}$$

$$A_{f.bar}=510\,\text{mm}^2$$

○ 설계에 재료 특성

$$C_E = 0.8$$ 표 (2.2)

$$f_{fu} = C_E f_{fu}{}^* = (0.8)(550) = 440\,\mathrm{MPa}$$ 식 (2.2)

1. 강도감소계수 계산

$$d = 400 - 38 - 12.7 - \left(\frac{25.4}{2}\right) = 337\,\mathrm{mm}$$

$$A_f = (3)(510\,\mathrm{mm}^2) = 1{,}530\,\mathrm{mm}^2$$

$$\rho_f = \frac{A_f}{bd} = \frac{1{,}530}{(250)(337)} = 0.01816$$ 식 (4.3)

$$\rho_{fb} = 0.85\beta_1 = \frac{f_{ck}}{f_{fu}}\frac{E_f\varepsilon_{cu}}{E_f\varepsilon_{cu} + f_{fu}}$$ 식 (2.2.3)

$$E_f\varepsilon_{cu} = (41{,}000)(0.003) = 123\,\mathrm{MPa}$$

$$\rho_{fd} = 0.85(0.85) = \frac{28}{(440)}\frac{123}{(123+440)} = 0.01004$$

$$\frac{\rho_f}{\rho_{fb}} = \frac{0.01816}{0.01004} = 1.18$$

$\rho_f \geq 1.4\rho_{fb}$으로 단면은 압축지배, 따라서 $\phi = 0.65$ 그림 (4.1)

2. 극한조건에서 인장 보강근의 응력 계산

$$f_f = \sqrt{\frac{(E_f\varepsilon_{cu})^2}{4} + \frac{0.85\beta_1 f_{ck}}{\rho_f}E_f\varepsilon_{cu}} - 0.5E_f\varepsilon_{cu} \leq f_{fu}$$ 식 (4.7)

$$f_f = \sqrt{\frac{(123)^2}{4} + \frac{0.85(0.85)(28)}{0.01814}(123)} - 0.5(123)$$

$$= 314\,\mathrm{MPa} \leq 440$$

3. 공칭휨강도 M_n과 설계휨강도 ϕM_n 계산

$$a = \frac{A_f f_f}{0.85 f_{ck} b} = \frac{(1,530)(314)}{0.85(28)(250)} = 81\text{mm} \qquad \text{식 (4.6)}$$

$$M_n = A_f f_f \left(d - \frac{a}{2}\right) = (1,530)(314)\left(337 - \frac{81}{2}\right) \qquad \text{식 (4.5)}$$

$$= 142.4 \times 10^6 \text{N} \cdot \text{mm} = 142.4 \text{kN} \cdot \text{m}$$

다른 방법으로 M_n을 직접 계산 가능

$$M_n = \rho_f f_f \left(1 - 0.59 \frac{\rho_f f_f}{f_{ck}}\right) b d^2$$

$$= (0.01814)(314)\left(1 - 0.59 \frac{(0.01814)(314)}{28}\right)(250)(337)^2$$

$$= 142.3 \times 10^6 \text{N} \cdot \text{mm} = 142.3 \text{kN} \cdot \text{m}$$

$$\phi M_n = (0.65)(142.3) = 92.5 \text{kN} \cdot \text{m}$$

4. 최소 보강근 검토

단면이 인장지배를 받지 않기 때문에 최소보강근 검토는 불필요 식 (4.10)

(비고: 이 예제에 사용된 일반적인 절차와 원칙은 다양한 단면의 FRP로 보강된 보에 적용 가능하나 적용된 수식은 단층 보강근(single layer) 직사각형 단면(혹은 직사각형 단면 거동을 나타내는 플랜지) 적용으로 제한함.)

2. 인장지배 단면의 휨강도

〈그림 2〉의 단면에서 등가직사각형 콘크리트 응력블록을 사용하여 정적 평형상태의 휨 강도를 계산하시오. 단, $f_{ck} = 28\text{MPa}$, $f_{fu}{}^* = 620\text{MPa}$, $E_f = 41{,}000\text{MPa}$로 가정한다. 내부 노출된 상태로 압축보강근은 무시한다.

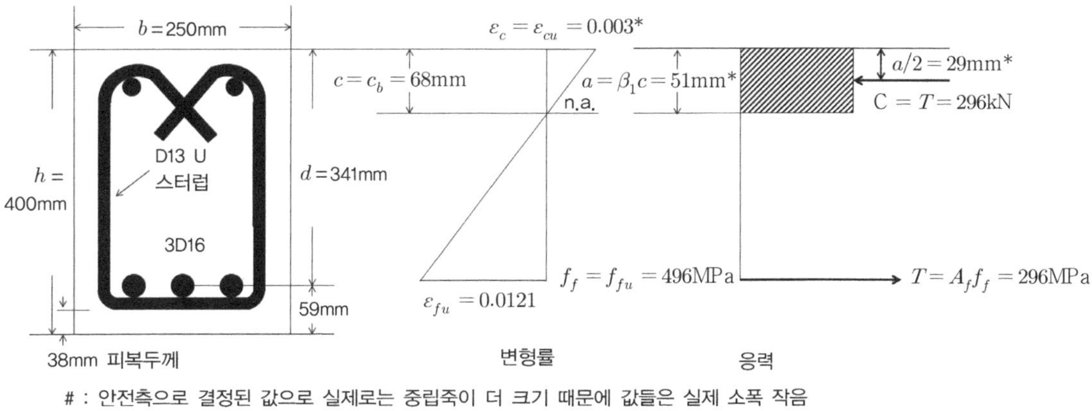

〈그림 2〉 인장지배 단면 상세 및 응력 변형률 선도

풀이

○ D16 보강근의 직경과 단면적

$$d_b = 15.9\text{mm}$$

$$A_f = 199\,\text{mm}^2$$

○ 설계 재료특성

$$C_E = 0.8 \qquad \text{표 (2.1)}$$

$$f_{fu} = C_E f_{fu}{}^* = (0.8)(620) = 496\text{MPa} \qquad \text{식 (2.2)}$$

1. 강도감소계수 계산

$$d = 400 - 38 - 12.7 - (15.9/2) = 341\text{mm}$$

$$A_f = (3)(199\text{mm}^2) = 597\text{mm}^2$$

$$\rho_f = \frac{A_f}{bd} = \frac{597}{(250)(341)} = 0.00700$$ 식 (4.3)

$$\rho_{fb} = 0.85\beta_1 = \frac{f_{ck}}{f_{fu}}\frac{E_f\varepsilon_{cu}}{E_f\varepsilon_{cu} + f_{fu}}$$ 식 (4.4)

$$E_f\varepsilon_{cu} = (41,000)(0.003) = 123\text{MPa}$$

$$\rho_{fb} = 0.85(0.85) = \frac{28}{(446)}\frac{123}{(123+496)} = 0.00810$$

$$\frac{\rho_f}{\rho_{fb}} = \frac{0.00700}{0.00810} = 0.86$$

$\rho_f \leq \rho_{fb}$ 으로 단면은 인장지배, 즉 $\phi = 0.55$

2. 극한조건에서 인장보강근의 응력 계산

단면이 인장지배이므로 $f_f = f_{fu} = 496\,\text{MPa}$

3. 공칭휨강도 M_n과 설계휨강도 ϕM_n 계산

$$c_b = \left(\frac{\varepsilon_{cu}}{\varepsilon_{cu} + \varepsilon_{fu}}\right)d = \left(\frac{0.003}{0.003 + \dfrac{496}{41,000}}\right)(341) = 68\,\text{mm}$$ 식 (4.9)

$$M_n = A_f f_{fu}\left(d - \frac{\beta_1 c_b}{2}\right) \qquad \text{식 (4.8)}$$

$$= (597)(496)\left(341 - \frac{(0.85)(68)}{2}\right) = 92.4\times 10^6 \text{N}\cdot\text{mm}$$

$$= 92.4\text{kN}\cdot\text{mm}$$

$$\phi M_n = (0.55)(92.4) = 50.8\,\text{kN}\cdot\text{m}$$

4. 최소보강근

단면이 인장지배이므로 최소 보강근 규정 검토

$$A_{f.\min} = \frac{0.41\sqrt{f_{ck}}}{f_{fu}} b_w d \geq \frac{2.3}{f_{fu}} b_w d \qquad \text{식 (4.10)}$$

$$A_{f.\min} = \frac{0.41\sqrt{28}}{496}(250)(341) \geq \frac{2.3}{496}(250)(341) = 373 \geq 395$$

$$A_{f.\min} = 395\,\text{mm}^2$$

$$A_f(provided) = 597\,\text{mm}^2 > A_{f.\min} = 395\,\text{mm}^2 \quad \text{만족함}$$

(비고: 이 예제에 사용된 일반적인 절차와 원칙은 여러 단면의 FRP로 보강된 보에 적용가능하나, 적용된 수식은 단층 보강근(single layer) 직사각형 단면 (혹은 직사각형 단면 거동을 나타내는 플랜지) 적용으로 제한함.)

이 예제에 사용된 계산과정에 의한 결과값은 근사값에 가깝다. 인장지배를 받는 단면의 보다 상세한 해석은 변형률 적합법(strain compatibility) 원리를 기초로 한 중립축의 위치 계산과 수치모델이 필요하다. 위와 같은 해석은 컴퓨터에 의한 계산이 정확하며 수계산은 적합하지 않을 수 있으며, 이 예제와 같은 단순 문제의 경우 결과 값(휨 강도) 차이는 미미하며, 변형률 적합 해석(strain compatibility analysis)은 복층 보강근 혹은 FRP 보강근이 혼합된 단면에 적합하다.

3. 인장보강근만을 갖는 보의 설계

단면폭은 적절한 휨강도 발휘를 위해 300mm로 가정한다. 보에 작용하는 고정하중 휨모멘트는 $M_D = 76\,\text{kN}\cdot\text{m}$ 이고 활하중 휨모멘트는 $M_L = 47\,\text{kN}\cdot\text{m}$ 이다. 단, $f_{ck} = 28\text{MPa}$, $f_{fu}{}^* = 550\,\text{MPa}$, $E_f = 45{,}000\,\text{MPa}$ 이고, 내부에 노출된 상태로 가정한다.

풀이

○ 설계 재료 물성

$$C_E = 0.8 \qquad \text{표 (2.2)}$$

$$f_{fu} = C_E f_{fu}^* = (0.8)(550) = 440\text{MPa} \qquad \text{식 (2.2)}$$

1. 보강비 가정

크기가 정해지지 않은 FRP 보강근 콘크리트 부재를 설계하기 위한 일반적인 방법은 보강근비를 가정하는 것이다. 초기 보강근비 $\rho_f = 1.5\rho_{fd}$로 가정하여,

$$\rho_{fb} = 0.85\beta_1 \frac{f_{ck}}{f_{fu}} \frac{E_f \varepsilon_{cu}}{E_f \varepsilon_{cu} + f_{fu}} \qquad \text{식 (4.4)}$$

$$E_f \varepsilon_{cu} = (45{,}000)(0.003) = 135\text{MPa}$$

$$\rho_{fb} = 0.85(0.85)\frac{(28)}{(440)}\frac{(135)}{(135+440)} = 0.01079$$

$$\rho_f = 1.5\rho_{fb} = 1.5(0.01079) = 0.01619$$

$\rho_f \geq 1.4\rho_{fb}$이므로 압축지배단면이다. 그림 (4.1)

그러므로 $\phi = 0.65$

2. 요구되는 bd^2 계산

요구 설계휨강도를 결정한다.

$$\phi M_{n,reqd} = M_u = 1.2M_D + 1.6M_L$$

$$= 1.2(76) + 1.6(47) = 166.4\,\text{kN} \cdot \text{m}$$

ρ_f 가정에 대한 극한조건에서 보강근 인장응력(f_f)를 계산한다.

$$f_f = \sqrt{\frac{(E_f\varepsilon_{cu})^2}{4} + \frac{0.85\beta_1 f_{ck}}{\rho_f}E_f\varepsilon_{cu}} - 0.5E_f\varepsilon_{cu} \le f_{fu}$$ 식 (4.6)

$$f_f = \sqrt{\frac{(135)^2}{4} + \frac{0.85(0.85)(28)}{(0.01619)}(135)} - 0.5(135) \le 440\text{MPa}$$

$$= 349\,\text{MPa} \le 440\text{MPa}$$

휨강도 계산식을 이용하여 요구 단면치수를 결정한다.

$$M_u = \phi M_n = \phi\rho_f f_f\left(1 - 0.59\frac{\rho_f f_f}{f_{ck}}\right)bd^2$$ 식 (4.5), (4.6)

$$(166.4)(10^6) = (0.65)(0.01619)(349)\left(1 - 0.59\frac{(0.01619)(349)}{(28)}\right)bd^2$$

$$bd^2 = 51.43 \times 10^6\text{mm}^3$$

3. $(bd^2)_{provided} \ge (bd^2)_{required}$을 만족시키기 위한 부재의 크기

$b = 300\text{mm}$, 따라서 $d = \sqrt{\dfrac{51.43 \times 10^6}{300}} = 414\text{mm}$

4. 요구되는 보강량 계산 및 단면깊이 결정

$$A_{f,reqd} = \rho_f bd = (0.01619)(300)(414) = 2{,}011\text{mm}^2$$

따라서, 4개의 D25 보강근($A_f = 2{,}040\text{mm}^2$)를 선택한다.

(주의: 다른 보강근을 사용하여 대안설계를 검토할 때는 가정한 f_{fu}*값을 고려한 보강근에 대해 적절한 값으로 변경해야 함.)

D25 보강근의 직경: $d_b = 25.4\text{mm}$
내부노출 조건에 대하여 순피복두께는 38mm
D13 스터럽을 가정하면,

$$h = (414) + (38) + (12.7) + \frac{(25.4)}{2} = 477\text{mm}$$

따라서, 안전측으로 보단면을 300×500mm로 결정한다.

5. 단면 저항성능 결정

$$d = 500 - \left[(38) + (12.7) + \frac{(25.4)}{2}\right] = 437\text{mm}$$

$$\rho_f = \frac{A_f}{bd} = \frac{2040}{(300)(437)} = 0.01556 \qquad \text{식 (4.3)}$$

$$\frac{\rho_f}{\rho_{fb}} = \frac{0.01556}{0.01079} = 1.44$$

$\rho_f \geq 1.4\rho_{fb}$이므로 강도감소계수 $\phi = 0.65$ 식 (4.7)

$$f_f = \sqrt{\frac{(E_f\varepsilon_{cu})^2}{4} + \frac{0.85\beta_1 f_{ck}}{\rho_f}E_f\varepsilon_{cu}} - 0.5E_f\varepsilon_{cu} \leq f_{fu} \qquad \text{식 (4.7)}$$

$$f_f = \sqrt{\frac{(135)^2}{4} + \frac{0.85(0.85)(28)}{(0.01556)}(135)} - 0.5(135) \leq 440$$

$$f_f = 357\text{MPa}$$

$$M_n = \rho_f f_f\left(1 - 0.59\frac{\rho_f f_f}{f_{ck}}\right)bd^2 \qquad \text{식 (4.5), (4.6)}$$

$$= (0.01556)(357)\left(1 - 0.59\frac{(0.01556)(357)}{28}\right)(300)(437)^2$$

$$= 281.0 \times 10^6 \text{N} \cdot \text{mm} = 281.0\text{kN} \cdot \text{mm}$$

$$\phi M_n = (0.65)(281.0) = 182.3\text{kN} \cdot \text{m} > M_u = 166.4\text{kN} \cdot \text{m} \quad \text{만족함}$$

(주의: FRP 보강 콘크리트 설계는 요구 휨강도보다는 균열, 처짐, 크리프와 관련된 사용조건하에서 구조설계가 결정됨. 이러한 사용상태와 관련된 계산은 이 장의 다른 예제문제에서 다룰 것임)

4. 일방향 슬래브의 설계

3경간을 갖는 일방향 슬래브 요구 두께와 보강량을 결정하여라. 단, $f_{ck} = 28\text{MPa}$, $f_{fu}{}^* = 650\text{MPa}$, $E_f = 41{,}000\text{MPa}$이고, 중심 간의 경간길이 $\ell = 5.8\text{m}$, 순경간 길이 $\ell_n = 5.5\text{m}$, 사용 고정하중은 자중, 활하중은 $w_L = 24\text{kN/m}^2$로 가정한다.

풀이

○ 설계 재료 물성

$$C_E = 0.8 \qquad \text{표 (2.2)}$$

$$f_{fu} = C_E f_u{}^* = (0.8)(650) = 520\text{MPa} \qquad \text{식 (2.2)}$$

1. 필요한 슬래브 두께 결정

최소 두께 설계기준에 근거하여 두께를 가정한다. 이때, 단부경간이 두께의 결정요소이다.

$$h \approx \frac{\ell}{24} = \frac{(5.8)(1{,}000)}{24} = 242\text{mm} \qquad \text{표 (4.1)}$$

표 (4.1.)은 초기설계에 대한 지침을 제공하기 위한 것이다. 따라서 $h = 300\text{mm}$로 가정한다.

2. 설계 가정

KDS 14 20 10 : 2016설계기준에서 허용된 근사해석을 사용하여 설계모멘트를 계산한다. 단부경간에서 최대 모멘트가 발생하기 때문에 단부경간에 대해서 설계한다.

단부경간의 끝부분을 내부 받침점으로 가정한다.

두께 300 mm 인 슬래브 무게는 $[(300)/(1,000)](24) = 7.2\,\mathrm{kN/m^2}$

계수하중 $q_u = 1.2(7.2) + 1.6(2.4) = 12.5\,\mathrm{kN/m^2}$ KDS 14 20 10:2016 4.1절

불연속 단부 내부 받침점에서의 정모멘트

$$+M_u = \frac{q_u \ell_n^2}{14} = \frac{(12.5)(5.5)^2}{14} = 27.0\,\mathrm{kN \cdot m/m}$$ KDS 14 20 10:2016 4.1절

첫 번째 내부 받침점 외측면에서의 부모멘트

$$-M_u = \frac{q_u \ell_n^2}{10} = \frac{(12.5)(5.5)^2}{10} = 37.8\,\mathrm{kN \cdot m/m}$$ KDS 14 20 10:2016 4.1절

3. 필요한 보강량 결정

인장지배단면으로 가정하면,

$$f_f = f_{fu} = 520\,\mathrm{MPa},\ \phi = 0.55$$

내부 노출조건에 대하여 순피복 두께는 19mm.

휨보강근을 D16으로 가정하면,

D16 보강근 직경 : $d_b = 15.9\,\mathrm{mm}$

$$d = 300 - \left[(19) + \frac{(15.9)}{2}\right] = 273\mathrm{mm}$$

$$c_b = \left(\frac{\varepsilon_{cu}}{\varepsilon_{cu} + \varepsilon_{fu}}\right)d = \left(\frac{0.003}{0.003 + \frac{520}{41,000}}\right)(273) = 52\,\mathrm{mm} \qquad \text{식 (4.9)}$$

모멘트강도식을 사용하여 보강근량 계산

부모멘트를 고려한다.

$$M_u = \phi M_{n,reqd} = \phi A_{f,reqd} f_{fu}\left(d - \frac{\beta_1 c_b}{2}\right) \qquad \text{식 (4.8)}$$

$$A_{f,reqd} = \frac{M_u}{\phi f_{fu}\left(d - \frac{\beta_1 c_b}{2}\right)} = \frac{(37.8)(10^6)}{(0.55)(520)\left(273 - \frac{(0.85)(52)}{2}\right)} = 527\text{mm}^2/\text{m}$$

(주의: 위 계산에 의한 필요 보강량은 다음과 같이 계산할 때 최소 보강근량보다 작게 됨)

$$\rho_{f,ts} = 0.0014 \le 0.0018 \times \frac{414}{f_{fu}}\frac{E_s}{E_f} \le 0.0036 \qquad \text{식 (7.1)}$$

$$\rho_{f,ts} = 0.0014 \le 0.0018 \times \frac{414}{520}\frac{200,000}{41,000} \le 0.0036$$

$\rho_{f,ts} = 0.0014 \le 0.0070 \le 0.0036$, 그래서 $\rho_{f,ts} = 0.0036$

$$A_{f,\min} = \rho_{f,\min} bh = (0.0036)(1,000)(300) = 1,080\text{mm}^2/\text{m}$$

D16 보강근을 선택하고, 간격은 180mm ($A_f = 1,106\text{mm}^2/\text{m}$)

인장지배거동 가정사항 검토

$$\rho_{fb} = 0.85\beta_1 \frac{f_{ck}}{f_{fu}} \frac{E_f \varepsilon_{cu}}{E_f \varepsilon_{cu} + f_{fu}} \qquad \text{식 (4.4)}$$

$$E_f \varepsilon_{cu} = (41,000)(0.003) = 123\,\text{MPa}$$

$$\rho_{fb} = 0.85(0.85)\frac{(28)}{(520)}\frac{(123)}{(123+520)} = 0.00744$$

$$\rho_f = \frac{A_f}{bd} = \frac{1,106}{(1,000)(273)} = 0.00405 \qquad \text{식 (4.3)}$$

$\dfrac{\rho_f}{\rho_{fb}} = \dfrac{0.00405}{0.00744} = 0.54$ 만족함

부모멘트에 대해서 D16 보강근 간격 180mm, 두께 300mm에 대하여 슬래브를 설계할 수 있다. 정모멘트에 의해서도 동일한 최소 보강근량이 필요하다.

휨강도에 더하여 슬래브는 전단과 균열제어, 처짐, 크리프 파괴응력한계의 사용규정을 검토하여야 한다. 이에 대한 계산은 문제 7에서 확인할 수 있다. 추가계산에 의하면 슬래브는 사용상태에서 균열이 발생하지 않으며, 심지어 극한상태에서도 균열이 발생하지 않는 것으로 계산되었다. 이는 매우 비효율적인 설계가 될 것이다. 따라서 사용상태에서 균열이 발생할 수 있는 좀 더 효율적인 슬래브 설계를 고려하는 것이 경제적이다.

4. 사용하중 상태에서 균열이 발생하는 슬래브 재설계

균열이 발생할 때, FRP 보강 콘크리트 슬래브는 휨강도에 의해서는 거의 지배되지 않는다. 휨강도에 저항하도록만 설계된 슬래브는 사용하중 휨모멘트와 공칭휨강도의 강도비(M_{serv}/M_n)가 약 0.40~0.45로써 고정하중과 활하중비에 의해 결정된다. 대부분의 FRP 보강 슬래브는 사용조건에 의해 지배되며, 0.20~0.25 강도비를 보일 것이다.

하나의 개략적인 설계로써 실제 계수휨모멘트의 약 2배($2.0M_u$)에 의한 휨강도를 설계한다.

압축지배단면에 해당하는 보강비를 선택한다. 이는 균열제어와 처짐 감소를 위한 충분한 보강량 사용이 가능하다.

초기 가정으로 $\rho_f = 1.5\rho_{fb}$ 가정

$$\rho_f = 1.5\rho_{fb} = 1.5(0.00744) = 0.01116$$

가정된 ρ_f에 대하여 극한상태에서 인장보강근 응력(f_f)을 계산

$$f_f = \sqrt{\frac{(E_f\varepsilon_{cu})^2}{4} + \frac{0.85\beta_1 f_{ck}}{P_f}E_f\varepsilon_{cu}} - 0.5E_f\varepsilon_{cu} \le f_{fu} \qquad \text{식 (4.7)}$$

$$f_f = \sqrt{\frac{(123)^2}{4} + \frac{0.85(0.85)(28)}{0.01116}(123)} - 0.5(123) \le 520\text{MPa}$$

$$= 415\text{MPa} \le 520\text{MPa}$$

가정된 200mm 두께 슬래브에 대한 고정하중 가정

$[(200)/(1,000)](24) = 4.8\text{kN/m}^2$

계수하중 $q_u = 1.2(4.8) + 1.6(2.4) = 9.6\text{kN/m}^2$ 콘크리트 구조기준 2012

첫 번째 내부 받침점 외측면에 대한 부모멘트

$$-M_u = \frac{q_u l_n^2}{10} = \frac{(9.6)(5.5)^2}{10} = 29.0\text{kN} \cdot \text{m/m}$$ KDS 14 20 10 : 2016 4.1

휨강도식을 사용하여 슬래브 두께를 결정한다.

$$M_u = \phi M_n = \phi \rho_f f_f (1 - 0.59 \frac{\rho_f f_f}{f_{ck}}) bd^2$$ 식 (4.5), (4.6)

$$2(29.0)(10^6) = (0.65)(0.01116)(415)(1 - 0.59 \frac{(0.01116)(415)}{28})(1,000)bd^2$$

$d = 146\text{mm}$

D19 휨보강근 가정

$$h = (146) + (19) + \frac{(19.1)}{2} = 175\text{mm}$$

안전측으로 슬래브 두께 180mm (h =180mm) 사용
180mm 두께에 대한 고정하중으로 재검토
$[(180)/(1,000)](24) = 4.3\text{kN/m}^2$

계수하중 $q_u = 1.2(4.3) + 1.6(2.4) = 9.0\text{kN/m}^2$ 콘크리트 구조기준 2012

따라서, $2.0M_u$ 내력에 저항하는 설계가 완료되었고 이로써 휨계산은 필요 없다.
슬래브 보강근을 선택한다. 부모멘트 및 정모멘트에 대해 동일한 보강근으로 가정

$$A_f = \rho_f bd = (0.01116)(1,000)(146) = 1,629\text{mm}^2/\text{m}$$ 식 (4.3)

보강근 D19 선택, 간격은 150mm. ($A_f = 1,890\text{mm}^2/\text{m}$)

5. 가로방향 온도 수축보강근을 선택한다.

$$\rho_{f,ts} = 0.0014 \le 0.0018 \times \frac{414}{f_{fu}} \frac{E_s}{E_f} \le 0.0036 \qquad \text{식 (7.1)}$$

$$\rho_{f,ts} = 0.0014 \le 0.0018 \times \frac{414}{520} \frac{200,000}{41,000} \le 0.0036$$

$\rho_{f,ts} = 0.0014 \le 0.0070 \le 0.0036$, 그러면 $\rho_{f,ts} = 0.0036$

$A_{f.ts} = \rho_{f,ts} bh = (0.0036)(1,000)(180) = 648\text{mm}^2/\text{m}$).

보강근 D13 선택, 간격=180mm. ($A_f = 717\text{mm}^2/\text{m}$)

(주의: 슬래브는 전단, 균열제어, 처짐, 크리프 파괴에 대해서는 검토가 필요함. 만약, 이러한 설계조건이 만족되지 않으면 슬래브 두께의 증가가 필요함.)

5. 균열제어를 위한 보의 보강근 배치

〈그림 3〉과 같이 직사각형보가 계수휨모멘트 $M_u = 177\,\text{kN}\cdot\text{m}$로 설계되었다. 보의 폭은 400mm, 깊이는 600mm, GFRP 휨보강근량은 $A_{f.reqd} = 1,460\,\text{mm}^2$이다. 균열제어 요구사항을 만족시키는 휨보강근을 설계하시오. 단, 하면 피복두께(c_c)는 50mm (피복두께 38mm+스터럽 직경 13mm), 측면피복($c_{c.side}$)은 65mm(피복두께 38mm+스터럽 직경 13mm+스터럽 내부반경 13mm), $f_{ck} = 28\,\text{MPa}$, $f_{fu}{}^* = 550\,\text{MPa}$, $E_f = 40,000\,\text{MPa}$, 사용하중 휨모멘트 $M_s = 122\,\text{kN}\cdot\text{m}$, 내부 노출된 상태로 가정한다.

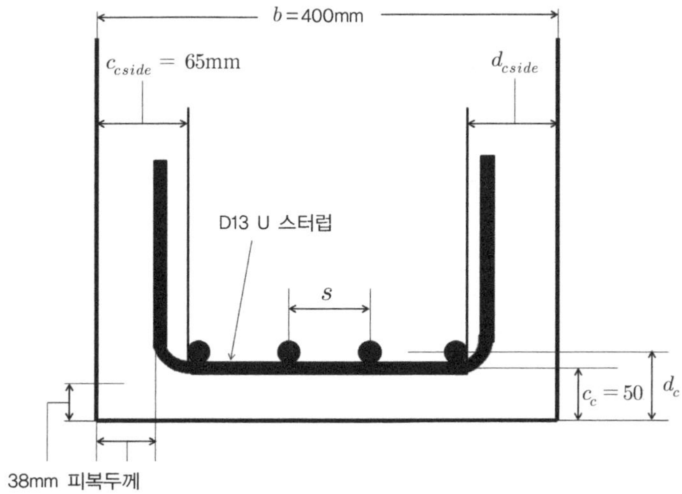

〈그림 3〉 단면 상세

풀이

○ 설계 재료 물성

$C_E = 0.8$ 표 (2.2)

$f_{fu} = C_E f_{fu}^* = (0.8)(550) = 440\,\text{MPa}$ 식 (2.2)

1. 보강근 종류 선택

D22 보강근 4개 ($A_f = 1{,}550\,\text{mm}^2$)

D22 보강근 지름: $d_b = 22.2\,\text{mm}$

2. 보강근 간격 검토

최대 허용 균열폭(w)은 0.50mm로 가정

$k_b = 1.4$

매개변수 β와 f_{fs}는 사용하중을 받을 때 선형탄성균열해석에 의해 결정한다.

$$k = \sqrt{2\rho_f n_f + (\rho_f n_f)^2} - \rho_f n_f$$

$$\rho_f = \frac{A_f}{bd} = \frac{1{,}500}{(400)(539)} = 0.00719 \qquad \text{식 (2.2)}$$

$$E_c = 4{,}700\sqrt{f_{ck}} = 4{,}700\sqrt{28} = 24{,}900\,\text{MPa}$$

$$n_f = \frac{E_f}{E_c} = \frac{41000}{24900} = 1.647$$

$$\rho_f n_f = (0.00719)(1.647) = 0.01184$$

$$k = \sqrt{2p_f n_f + (p_f n_f)^2} - p_f n_f$$

$$= \sqrt{2(0.01184) + (0.01184)^2} - 0.01184 = 0.142$$

$$I_{cr} = \frac{bd^3}{3}k^3 + n_f a_f d^2 (1-k)^2$$

$$= \frac{(400)(539)^3}{3}(0.142)^3 + (1.647)(1{,}550)(539)^2(1-0.142)^2$$

$$= 605.7 \times 10^6\,\text{mm}^4$$

FRP 보강근의 사용응력(stress at service level)에 대한 계산은 지속하중(sustained service load)에 기초한 계산 과정 참조

$$f_{fs} = M_s \frac{n_f d(1-k)}{I_{cr}} \qquad \text{식 (4.17)}$$

$$= (122)(10^6)\frac{(1{,}647)(539)(1-0.142)}{605.7 \times 10^6} = 153\,\text{MPa}$$

$$\beta = \frac{h-kd}{d-kd} = \frac{600-(0.142)(539)}{539-(0.142)(539)} = 1.13$$

최소 보강근 간격은 만족해야 하기 때문에 이 예제의 경우는 최대 보강근 중심간 간격은 27.7mm로 최소 보강근 간격 ($d_b = 25\,\text{mm}$ 또는 최대 골재치수의 4/3배)보다 작다.

3. 보강근 재선정

일반적으로는 위 계산 과정에서 만족하지 않는 경우 보강량을 추가하여 사용하중하에서 FRP 보강근의 응력이 감소되도록 설계한다. 보강량을 증가시키는 다음 두 가지 방법을 시도한다.

D29 보강근 3개 ($A_f = 1{,}940\,\mathrm{mm}^2$; $d_b = 28.7\,\mathrm{mm}$)

D22 보강근 5개 ($A_f = 1{,}940\,\mathrm{mm}^2$; $d_b = 22.2\,\mathrm{mm}$)

위 두 가지 보강량에 대한 검토 과정 결과는 <표 1>과 같다. <표 1>과 같이 D29 보강근 3개로 보강한 경우 응력감소를 위한 보강은 충분히 만족하지만 최대 보강근 간격보다 설계된 배근 간격이 더 커져 균열제어를 만족시키지 못한다.

D22 보강근 5개는 D29 보강근 3개와 동일한 보강량을 제공하지만 더 나은 단면폭을 제시하고 있다. 5개의 보강근 균열제어에 용이하도록 상대적으로 촘촘히 배근되어 설계기준에서 요구하는 최소 보강근 간격을 만족시킨다. 따라서 D22 보강근 5개로 결정한다.

<표 1> 단면설계 결과

구분	단위	D22 보강근 4개	D29 보강근 3개	D22 보강근 5개
A_f	mm^2	1,550	1,940	1,940
d	mm	539	536	539
d_c	mm	61	64	61
ρ_f		0.00719	0.00905	0.00900
k		0.142	0.158	0.158
I_{cr}	mm^4	605.7×10^6	731.8×10^6	740.5×10^6
f_{fb}	MPa	153	124	123
β		1.13	1.14	1.13
Check if $d_c \le d_c$ (limited value)		만족하지 못함	만족함	만족함
$d_{c.side}$	mm	76	79	76
Check if $S_{provided} \le S_{\max}$		만족하지 못함	만족함	만족함

6. 단순지지된 보의 처짐

〈그림 4〉의 단면상세를 갖는 직사각형보의 처짐을 계산하고, 'KDS 14 20 30: 2016' 설계기준의 허용처짐과 비교하시오. 또한, 장기처짐은 3개월과 5년에 대해서 각각 계산하시오. 단, $f_{ck} = 28\,\text{MPa}$, $f_{fu}{}^* = 550\,\text{MPa}$, $E_f = 45{,}000\,\text{MPa}$, 보의 자중을 제외한 추가고정하중 $1.8\,\text{kN/m}$, 활하중 $4.4\,\text{kN/m}$(지속하중 20%), 단순지지 경간 7.5m로 가정한다.

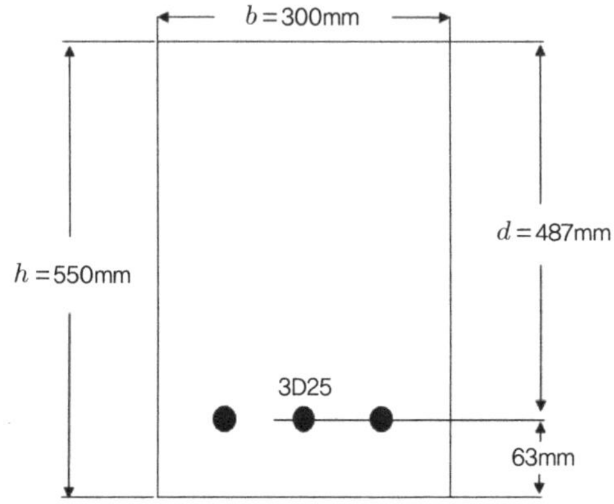

〈그림 4〉 단면 상세

풀이

○ 설계 D25 보강근의 직경, 단면적

$$d_b = 25.4\text{mm}$$

$$A_f = 510\text{mm}^2$$

○ 필요 보강량

$$A_f = (3)(510\text{mm}^2) = 1{,}530\text{mm}^2$$

$$\rho_f = \frac{A_f}{bd} = \frac{1{,}530}{(300)(487)} = 0.01047 \qquad \text{식 (4.3)}$$

1. 보의 최소두께 검토

최소두께 설계표에 의하여 두께를 가정

$$h = \frac{l}{10} = \frac{(7.5)(1,000)}{10} = 469\text{mm} \qquad \text{표 (4.1)}$$

〈표 4.1〉은 초기설계 가정을 제공하기 위한 것으로 처짐한계는 보장하지 않는다.

2. 휨모멘트 계산

$$w_D = 1.8 + \frac{(300)(550)(24)}{1,000} = 5.8\text{kN/m}$$

$$M_D = \frac{w_D l^2}{8} = \frac{(5.8)(7.5)^2}{8} = 40.8\text{kN}\cdot\text{m}$$

$$M_L = \frac{w_L l^2}{8} = \frac{(4.4)(7.5)^2}{8} = 30.9\text{kN}\cdot\text{m}$$

$$M_{sus} = M_D + 0.20(M_L) = 40.8 + (0.20)(30.9) = 47.0\text{kN}\cdot\text{m}$$

$$M_{D+L} = 40.8 + 30.9 = 71.7\text{kN}\cdot\text{m}$$

3. 탄성계수 및 탄성계수비 계산

$$E_c = 4,700\sqrt{f_{ck}} = 4,700\sqrt{21} = 21,500\text{MPa}$$

$$n_f = \frac{E_f}{E_c} = \frac{45,000}{21,500} = 2.093$$

4. 총단면 및 균열 단면모멘트 계산

$$I_g = \frac{bh^3}{12} = \frac{(300)(550)^3}{12} = 4.159 \times 10^9\text{mm}^4$$

$$\rho_f n_f = (0.01047)(2.093) = 0.02191$$

$$k = \sqrt{2\rho_f n_f + (\rho_f n_f)^2} - \rho_f n_f = \sqrt{2(0.02191) + (0.02191)^2} - 0.02191$$

$$= 0.189$$

$$I_{cr} = \frac{bd^3}{3}k^3 + n_f A_f d^2 (1-k)^2$$

$$= \frac{(300)(487)^3}{3}(0.189)^3 + (2.093)(1{,}530)(487)^2(1-0.189)^2$$

$$= 0.578 \times 10^9 \text{mm}^4$$

$$\frac{I_g}{I_{cr}} = \frac{4.159 \times 10^9}{0.578 \times 10^9} = 7.20 \quad \frac{I_{cr}}{I_g} = \frac{0.578 \times 10^9}{4.159 \times 10^9} = 0.139$$

5. 유효단면2차모멘트 계산

$$M_{cr} = \frac{0.62\lambda\sqrt{f_{ck}}\,I_g}{y_t} = \frac{0.62(1)(\sqrt{21})(4.159 \times 10^9)}{(1/2)(550)(10^6)} = 43.0\text{kNm} \quad \text{식 (4.14)}$$

활하중이 작용하기 전에 전체 고정하중이 작용한다고 가정하면, 유효단면2차모멘트는 고정하중에 의해서만 계산될 수 있다.

$M_D < M_{cr}$ 이므로 비균열단면이다. 따라서, 고정하중에 의한 유효단면2차모멘트 I_g는

$$(I_e)_D = I_g = 4.159 \times 10^9 \text{mm}^4$$

고정하중에 활하중을 추가한 유효단면2차모멘트를 계산한다.

$$\frac{M_{cr}}{M_a} = \frac{M_{cr}}{M_{D+L}} = \frac{43.0}{71.7} = 0.600$$

$$\gamma = 1.72 - 0.72(M_{cr}/M_a) = 1.72 - 0.72(0.600) = 1.288$$

$$I_e = \left(\frac{M_{cr}}{M_a}\right)^3 I_g + \left[1 - \left(\frac{M_{cr}}{M_a}\right)^3\right] I_{cr} \le I_g \quad \text{식 (4.12)}$$

$$= \left(\frac{43}{71.7}\right)^3 \times 4.159 \times 10^9 + \left[1 - \left(\frac{43}{71.7}\right)^3\right] \times 0.578 \times 10^9$$

$$= 1.35 \times 10^9 \text{mm}^4 \le I_g$$

6. 순간처짐 계산

$K=1$(단순지지보)

$$(\triangle_i)_D = \frac{K(5)M_D l^2}{48E_c(I_e)_D} = \frac{(1)(5)(40.8)(7.5)^2(10^{12})}{48(21,500)(4.159\times 10^9)} = 2.7\text{mm}$$

$$(\triangle_i)_{D+L} = \frac{K(5)M_{D+L} l^2}{48E_c(I_e)_{D+L}} = \frac{(1)(5)(71.7)(7.5)^2(10^{12})}{48(21,500)(1.35\times 10^9)} = 14.5\text{mm}$$

활하중에 의한 순간처짐은 고정하중과 활하중에 의한 처짐에서 고정하중에 의한 처짐을 제외하고 계산한다.

$$(\triangle_i)_L = (\triangle_i)_{D+L} - (\triangle_i)_D = 14.5 - 2.7 = 11.8\text{mm}$$

전체 고정하중과 활하중에 의한 유효단면2차모멘트를 사용하여 지속하중에 의한 순간처짐을 계산하는 것은 안전측이다.

$$(\triangle_i)_{sus} = \frac{K(5)M_{sus} l^2}{48E_c(I_c)_{D+L}} = \frac{(1)(5)(47.0)(7.5)^2(10^{12})}{48(21,500)(1.35\times 10^9)} = 9.5\text{mm}$$

$$(\triangle_i)_{L,unsustained} = (\triangle_i)_{D+L} - (\triangle_i)_{sus} = 14.5 - 9.5 = 5.0\text{mm}$$

7. 비구조부재 설치 이후 발생하는 전체 처짐의 증가량(추가 활하중에 의한 순간처짐과 모든 지속하중에 의한 장기처짐의 합)

a. 3개월($\xi=1.0$) 식 (4.16)

$$\triangle_{incr} = \triangle_{LT,sus} + \triangle_{L,unstainned}$$

$$= 0.6\xi(\triangle_i)_{sus} + (\triangle_i)_{L,unsustained}$$

$$= 0.6(1.0)(9.5) + 5.0 = 10.7\text{mm}$$

b. 5년(60개월)($\xi = 2.0$) 식 (4.16)

$$\Delta_{incr} = \Delta_{LT,sus} + \Delta_{L,unstainned}$$
$$= 0.6\xi(\Delta_i)_{sus} + (\Delta_i)_{L,unsustained}$$
$$= 0.6(2.0)(9.5) + 5.0 = 21\text{mm}$$

8. 계산처짐과 허용처짐 비교

허용처짐(즉시 활하중) KDS 14 20 30 : 2016 표 4.2-2

과다처짐에 의한 피해 가능성이 적은 비구조요소가 결합되거나 지지되어 있지 않은 평평한 지붕

$$(\Delta_i)_L = 10.7\text{mm} \le \frac{l}{180} = \frac{(7.5)(1,000)}{180} = 41.7\text{mm}$$ 만족함

과다처짐에 의한 피해 가능성이 있는 비구조요소가 결합되거나 지지되어 있지 않은 지붕

$$(\Delta_i)_L = 10.7\text{mm} \le \frac{l}{360} = \frac{(7.5)(1,000)}{360} = 20.8\text{mm}$$ 만족함

허용처짐(비구조요소 설치 후 증가분) KDS 14 20 30 : 2016 표 4.2-2

과다처짐에 의한 피해 가능성이 적은 비구조요소가 결합되거나 지지되어 있는 지붕

$$(\Delta_{incr})_L = 21.4\text{mm} \le \frac{l}{240} = \frac{(7.5)(1,000)}{240} = 31.3\text{mm}$$ 만족함

과다처짐에 의한 피해 가능성이 있는 비구조요소가 결합되거나 지지되어 있는 지붕(매우 엄격한 기준)

$$(\Delta_{incr})_L = 21.4\text{mm} > \frac{l}{480} = \frac{(7.5)(1,000)}{480} = 15.6\text{mm}$$ 만족하지 않음

만약 과다처짐에 의한 피해 가능성이 있는 비구조요소가 이러한 부재에 의해 지지된다면, 높은 휨강도를 갖도록 재설계가 필요하다.

7. 지속하중을 받을 때 크리프 파괴응력 검토

〈그림 5〉의 직사각형보는 고정하중 휨모멘트 $M_D = 24\,\text{kN}\cdot\text{m}$와 활하중모멘트 $M_L = 24\,\text{kN}\cdot\text{m}$를 받고 있다. 지속하중은 전체 활하중의 20%로 고려한다. 이 직사각형보가 크리프 파괴응력 한계조건에 부합되는지 검토하시오. 단, $f_{ck} = 28\,\text{MPa}$, $f_{fu}{}^* = 550\,\text{MPa}$, $E_f = 41{,}000\,\text{MPa}$

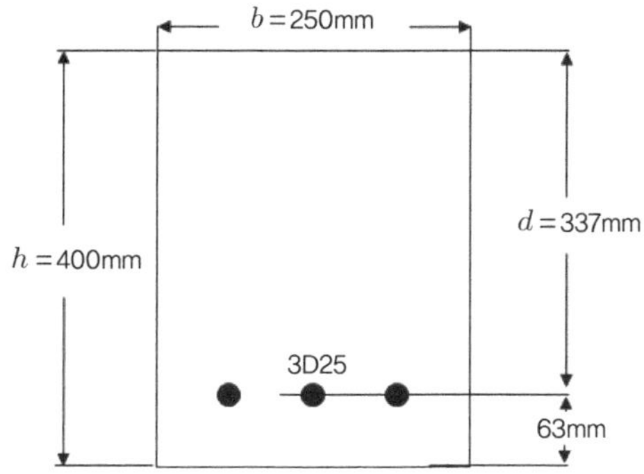

〈그림 5〉 단면 상세

풀이

○ 보강근 D25의 직경, 단면적

$$d_b = 25.4\text{mm}$$

$$A_f = 510\text{mm}^2$$

○ 보강근의 면적과 보강비 계산

$$A_f = (3)(510\text{mm}^2) = 1{,}530\text{mm}^2$$

$$\rho_f = \frac{A_f}{bd} = \frac{1{,}530}{(250)(337)} = 0.01816 \qquad \text{식 (4.3)}$$

○ 설계 재료 물성

$$C_E = 0.8 \qquad \text{표 (2.2)}$$

$$f_{fu} = C_E f_{fu}{}^* = (0.8)(550) = 440\text{MPa} \qquad \text{식 (2.2)}$$

1. 사용하중 휨모멘트 계산

$$M_{sus} = M_D + 0.20(M_L) = 24 + (0.20)(24) = 28\text{kN} \cdot \text{m}$$

2. 탄성계수와 탄성계수비 계산

$$E_c = 4,700\sqrt{f_{ck}} = 4,700\sqrt{28} = 24,900\,\text{MPa}$$ ACI 318-11, 절 (8.5.1)

$$n_f = \frac{E_f}{E_c} = \frac{41,000}{24,900} = 1.647$$

3. 균열단면의 단면2차모멘트 계산

$$\rho_f n_f - (0.01816)(1.647) = 0.02991$$

$$k = \sqrt{2\rho_f n_f + (\rho_f n_f)^2} - \rho_f n_f$$

$$= \sqrt{2(0.02991) + (0.02991)^2} - 0.02991 = 0.216$$

$$I_{cr} = \frac{bd^3}{3}k^3 + n_f A_f d^2 (1-k)^2$$

$$= \frac{(250)(337)^3}{3}(0.216)^3 + (1.647)(1530)(337)^2(1-0.216)^2$$

$$= 0.208 \times 10^9 \text{mm}^4$$

4. 지속사용하중이 작용할 때 FRP 보강근 응력

$$f_{fs,sus} = M_{s,sus}\frac{n_f d(1-k)}{I_{cr}}$$ 식 (4.17)

$$f_{fs,sus} = (28.8)(10^6)\frac{(1.647)(337)(1-0.216)}{0.208 \times 10^9} = 60\text{MPa}$$

보강근의 허용응력 검토 표 (3.1)

$$f_{fs,sus} = 60\text{MPa} \le 0.20 f_{fu} = 0.20(440) = 88\text{MPa}$$ 만족함

8. 전단과 휨에 의해 지배된 부재의 전단설계

U형 스터럽의 필요한 단면 크기와 간격(s)을 결정하시오. 단, 경간은 5.5m, 단순지지보이며, 보통중량 콘크리트 보이다. 단면치수 및 물성치는 다음과 같다.

$b_w = 300\text{mm}$

$d = 500\text{mm}$

$f_{ck} = 28\text{MPa}$

$f_{fu}{}^* = 700\text{MPa}$ (스터럽)

$E_f = 41{,}000\text{MPa}$ (스터럽)

$w_u = 70.8\text{kN/m}$ (자중 포함)

$\rho_f = 0.0272$ (축방향보강근)

$r_b/d_b = 4$ (휘어진 스터럽의 곡률가정)

풀이

○ 설계 재료 물성

$$C_E = 0.8 \qquad \text{표 (2.2)}$$

$$f_{fu} = C_E f_{fu}{}^* = (0.8)(700) = 560\text{MPa} \qquad \text{식 (2.2)}$$

이 문제의 풀이를 위하여 활하중이 경간 전체에 걸쳐 작용하며, 경간 중앙에는 전단력이 없다고 간주한다(경간 중앙에 0보다 큰 전단력은 부분적으로 작용하는 활하중에서 고려됨).

1. 계수전단력 계산

받침에서 계수전단력

$$V_u = 70.8(\frac{5.5}{2}) = 194.7\text{kN}$$

받침에서 거리 d 만큼 떨어진 위치에서 계수전단력

$$V_u = 194.7 - 70.8(\frac{500}{1,000}) = 159.3\text{kN}$$

2. 콘크리트가 부담하는 전단강도 계산

$$\phi V_c = \phi(\frac{5}{2}k)2\sqrt{f_{ck}}\,b_w d \qquad \text{식 (5.3)}$$

$$E_c = 4,700\sqrt{f_{ck}} = 4,700\sqrt{28} = 24,900\text{MPa}$$

$$n_f = \frac{E_f}{E_c} = \frac{41,000}{24,900} = 1.647$$

$$\rho_f n_f = (0.0272)(1.647) = 0.04480$$

$$k = \sqrt{2\rho_f n_f + (\rho_f n_f)^2} - \rho_f n_f$$

$$= \sqrt{2(0.04480) + (0.04480)^2} - 0.04480 = 0.258$$

$$\phi V_c = (0.75)\left(\frac{0.258}{5}\right)2\sqrt{28}(300)(500)\left(\frac{1}{1000}\right) = 61.4\text{kN}$$

$$V_u = 159.3\text{kN} > \phi V_c/2 = 31.2\,\text{kN}$$

따라서, 전단 FRP 보강근이 필요

3. 위험단면의 $V_u - \phi V_c$ 계산

$$V_u - \phi V_c = 159.3 - 61.4 = 97.9\,\text{kN} < \phi\,0.66\sqrt{f_{ck}}\,b_w d = 393\,\text{kN} \qquad \text{만족함}$$

4. 전단 FRP 보강근이 필요하지 않은 구간, 즉 받침부터 x_c 만큼 떨어진 위치 결정 ($V_u = \phi V_c$)

$$x_c = \frac{V_u@support - \phi V_c}{w_u} = \frac{194.7 - 61.4}{70.8} = 1.88\text{m}$$

전단 FRP보강근이 필요하지 않은 구간, 즉 받침부터 x_c만큼 떨어진 위치 결정 ($V_u = \phi V_c/2$)

$$x_m = \frac{V_u@support - (\phi V_c/2)}{w_u} = \frac{194.7 - (61.4/2)}{70.8} = 2.32\text{m}$$

그러므로 받침 1.88m에서 2.32m 사이에는 최소전단 FRP 보강근만을 필요로 한다. 2.32m 이후부터는 최소전단 보강근이 필요 없다.

5. 전단보강근의 설계인장응력 결정

스터럽 형태로 굽혀진 FRP 보강근의 인장강도는 다음과 같다.

$$f_{fb} = (0.05\frac{r_b}{d_b} + 0.3)f_{fu} \le f_{fu} \qquad \text{식 (5.6)}$$

$$f_{fb} = (0.05 \times 4 + 0.3)f_{fu} \le f_{fu}$$

$$f_{fb} = (0.50)f_{fu} \le f_{fu}$$

$$f_{fb} = (0.50)(560) = 280\text{MPa}$$

0.004의 변형률에 기초한 FRP 보강근 설계인장강도는 다음과 같다.

$$f_{fv} = 0.004E_f \le f_{fb} \qquad \text{식 (5.5)}$$

$$f_{fv} = 0.004(41{,}000)$$

$$= 164 \le 280$$

$$f_{fv} = 164\,\text{MPa}$$

6. 위험단면에서 U형 스터럽의 간격 계산

$$\frac{A_{fv}}{s} = \frac{(V_u - \phi V_c)}{\phi f_{fv} d} = \frac{(159.3 - 61.4)1,000}{(0.75)(164)(500)} = 1.59\text{mm}^2/\text{mm}$$

D13의 U형 스터럽으로 가정($A_{fv} = 258\text{mm}^2$)

$$s = \frac{258}{1.59} = 162\text{mm}$$

U형 스터럽의 최대 허용 간격 확인

$$s = d/2 = 250\text{mm} \leq 600\text{mm}$$

$$\because\ V_u - \phi V_c$$

$$= 97.9\text{kN} < \phi 4\sqrt{f_{ck}}\, b_w d = 196\text{kN}$$ 만족함 KDS 14 20 22 : 2016 절 4.3

최소전단 FRP보강근 면적에 따른 최대 간격

$$s = \frac{A_{fv,\,\min} f_{fv}}{0.35 b_w} = \frac{(258)(164)}{0.35(300)} = 403\text{mm}$$ KDS 14 20 22 : 2016 절 4.3.3

따라서 위험단면에서의 간격은 162mm, 250mm, 그리고 403mm 중 가장 작은 값 이내로 결정해야 하며, 이에 150mm로 결정하였다. 간격 250mm에 대한 받침부터 거리 x를 다음과 같이 계산한다(간격 250mm는 $d/2$=250mm의 최대간격 제한값임).

$$\frac{A_{fv}}{s} = \frac{(V_u - \phi V_c)}{\phi f_{fv} d}$$

$$\frac{258}{250} = \frac{(V_u - \phi V_c)}{(0.75)(164)(500)1,000}$$

$$V_u - \phi V_c = 63.5\text{kN}$$

$$V_u = 63.5 + 61.4 = 124.9\text{kN}$$

$$x = \frac{V_u@support - V_u}{w_u} = \frac{194.7 - 124.9}{70.8} = 0.99\text{m}$$

따라서 받침부터 0.99~150mm에서 250mm로 간격을 늘려 배치할 수 있다.

7. 상기 계산된 결과를 바탕으로 전단 FRP 보강근의 간격을 다음과 같이 배치하였다. 먼저 받침부터 50mm 떨어진 위치에 1번째 FRP 전단보강근을 배치하며, 이후 150mm 간격으로 받침부터 1.10m까지 배치한다. 이후 받침부터 2.3m 지점까지 250mm 간격으로 배근하며 이는 그림 6과 같다.

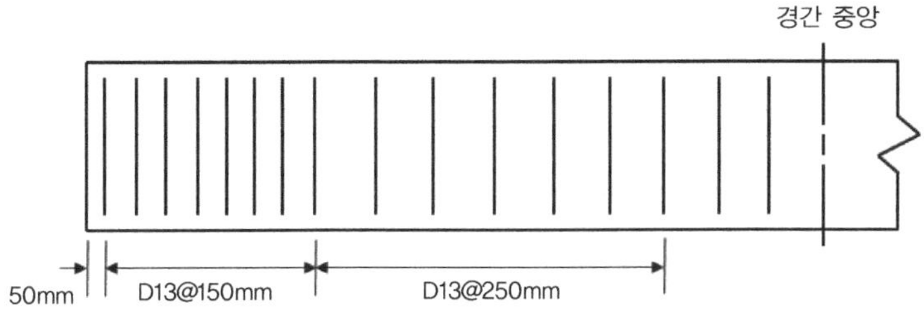

〈그림 6〉 전단보강 상세

(참고: 많은 설계에서는 보강근이 필요 없음에도 250mm 간격으로 중앙 위치까지 배근하기도 함.)

9. 압축지배된 또는 전이구간에서 인장보강근 정착

보통 중량 콘크리트인 1방향 슬래브에 배근된 D25 FRP 보강근이 그림 7의 A단면에서 모든 휨하중에 저항하기 위한 정착길이를 계산하시오. 단, $f_{ck}=28\,\text{MPa}$, $f_{fu}{}^{*}=550\,\text{MPa}$, $E_f=41{,}000\,\text{MPa}$, 내부 노출상태는 가정하시오.

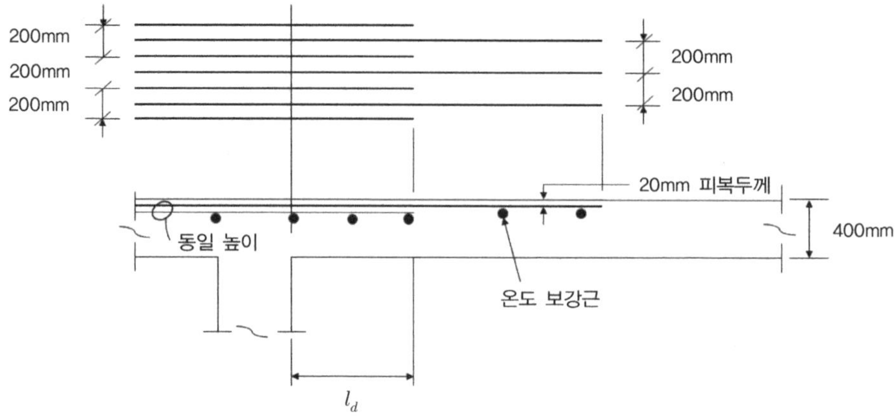

〈그림 7〉 단면 상세

풀이

짧은 FRP 보강근은 AB구간에서, 긴 FRP 보강근은 BC 구간에서 정착된다고 가정한다.

○ D25 보강근의 직경, 단면적

$$d_b = 25.4\text{mm}$$

$$A_f = 510\text{mm}^2$$

○ 설계 재료 물성

$$C_E = 0.8$$ 표 (2.2)

$$f_{fu} = C_E f_{fu}{}^* = (0.8)(550) = 440\text{MPa}$$ 식 (2.2)

1. 단면의 종류 결정

$$d = 400 - 20 - (25.4/2) = 367\text{mm}$$

$$A_f = (510\text{mm}^2)/(100\text{mm 간격}) = 5.10\text{mm}^2/\text{mm}$$

$$= 5{,}100\text{mm}^2/\text{m}$$ 슬래브에 대해서

$$\rho_f = \frac{A_f}{bd} = \frac{5,100}{(1,000)(367)} = 0.01390$$ 식 (4.3)

$$\rho_{fb} = 0.85\beta_1 \frac{f_{ck}}{f_{fu}} \frac{E_f \varepsilon_{cu}}{E_f \varepsilon_{cu} + f_{fu}}$$ 식 (4.4)

$$E_f \varepsilon_{cu} = (41000)(0.003) = 123\text{MPa}$$

$$\rho_{fb} = 0.85(0.85)\frac{(28)}{(440)}\frac{(123)}{(123+440)} = 0.01004$$

$$\frac{\rho_f}{\rho_{fb}} = \frac{0.01390}{0.01004} = 1.38$$

$\rho_{fb} < \rho_f < 1.4\rho_{fb}$ 이므로 변화구간이다. 그림 (4.1)

2. 극한상태에서 보강근의 인장응력 결정

$$f_f = \sqrt{\frac{(E_f \varepsilon_{cu})^2}{4} + \frac{0.85\beta_1 f_{ck}}{\rho_f} E_f \varepsilon_{cu}} - 0.5 E_f \varepsilon_{cu} \le f_{fu}$$ 식 (4.7)

$$f_f = \sqrt{\frac{(123)^2}{4} + \frac{0.85(0.85)(28)}{(0.01390)}(123)} - 0.5(123)$$

$$= 366\text{MPa} \le 440\text{MPa}$$

3. 정착길이 계산

$$l_d = \frac{\alpha \frac{f_{fr}}{0.083\sqrt{f_{ck}}} - 340}{13.6 + \frac{c}{d_b}} d_b$$ 식 (6.1)

이 경우에는 극한상태에서 보강근 응력을 이용하며, 보강근의 최대강도(Full strength)는 고려할 필요가 없다. 따라서 보강근의 응력은 다음과 같다.

$$f_{fr} = f_f = 366\text{MPa}$$

보강근 위치수정계수(α)는 콘크리트가 보강근 아래 300mm를 초과하여 타설된 경우이기 때문에 1.5를 사용한다. 절 (6.2.1)

보강근 중심간 간격을 200mm 보고, 다음의 식을 이용하여 정착길이를 최종 계산한다.

$$c = \min\left(d_c,\ \frac{\text{보강근 중심간 간격}}{2}\right) \leq 3.5d_b$$ 절 (6.2.1)

$$c = \min\left(20 + \frac{25.4}{2},\ \frac{200}{2}\right) \leq 3.5(25.4) = \min(33, 100)$$
$$\leq 89$$

$$c = 33\text{mm}$$

$$l_d = \frac{\alpha \dfrac{f_{fr}}{0.083\sqrt{f_{ck}}} - 340}{13.6 + \dfrac{c}{d_b}} d_b = \frac{(1.5)\dfrac{(366)}{0.083\sqrt{28}} - 340}{13.6 + \dfrac{33}{25.4}}(25.4)$$

$$= 1{,}550\text{mm}$$

따라서 필요한 최소 정착길이는 1,550mm이다.

10. 인장지배 단면의 인장부에서 보강근의 정착

〈그림 8〉의 기둥면의 D25 내부 보강근 2개의 필요 정착길이를 계산하시오. 기둥면 외부 2개의 GFRP 보강근은 보의 전체 길이에 걸쳐 배근되어 있다. 단, $f_{ck} = 28\text{MPa}$, 보통중량 콘크리트), $f_{fu}{}^* = 550\text{MPa}$, $E_f = 41{,}000\text{MPa}$, 유효깊이 $d = 700\text{mm}$, 노출상태는 가정하시오.

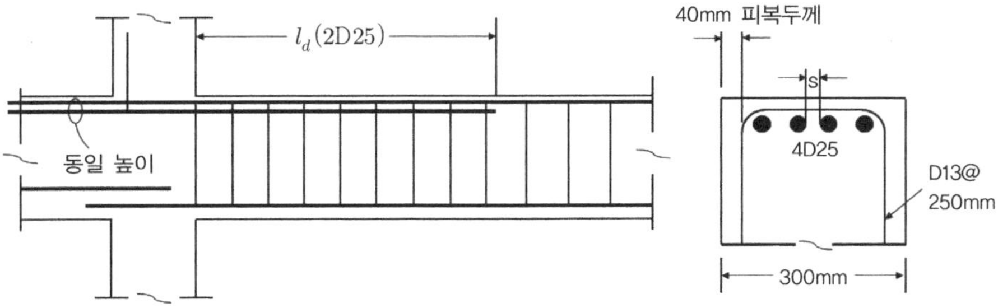

〈그림 8〉 단면 상세

풀이

○ D25 보강근의 직경, 단면적

$$d_b = 25.4\text{mm}$$

$$A_{f,bar} = 510\text{mm}^2$$

○ 설계 재료 물성

$$C_E = 0.8 \qquad \text{표 (2.2)}$$

$$f_{fu} = C_E f_{fu}^* = (0.8)(550) = 440\text{MPa} \qquad \text{식 (2.2)}$$

1. 단면의 종류 결정

$$A_f = (4)(510\text{mm}^2) = 2{,}040\text{mm}^2$$

$$\rho_f = \frac{A_f}{bd} = \frac{2{,}010}{(300)(700)} = 0.00957 \qquad \text{식 (4.3)}$$

$$\rho_{fb} = 0.85\beta_1 = \frac{f_{ck}}{f_{fu}}\frac{E_f\varepsilon_{cu}}{E_f\varepsilon_{cu} + f_{fu}} \qquad \text{식 (4.4)}$$

$$E_f\varepsilon_{cu} = (41{,}000)(0.003) = 123\text{MPa}$$

$$\rho_{fb} = 0.85(0.85)\frac{(28)}{(440)}\frac{(123)}{(123+440)} = 0.01004$$

$$\frac{\rho_f}{\rho_{fb}} = \frac{0.00957}{0.01004} = 0.95$$

$\rho_f \le \rho_{fb}$이므로 인장지배이다. 그림 (4.1)

2. 극한상태에서 보강근의 인장응력 결정

인장지배 구간이므로 $f_f = f_{fu} = 440\text{MPa}$

3. 정착길이 계산

$$l_d = \frac{\alpha \dfrac{f_{fr}}{0.083\sqrt{f_{ck}}} - 340}{13.6 + \dfrac{c}{d_b}} d_b \qquad \text{식 (6.1)}$$

$$f_{fr} = f_f = 440\text{MPa}$$

보강근 위치수정-계수(α)는 콘크리트가 보강근 아래 300mm를 초과하여 타설된 경우이기 때문에 1.5를 사용한다. 절 (6.2.1)

보강근의 순간격은 다음과 같이 계산된다.

$$[300 - 2(40) - 2(12.7) - 4(25.4)]/3 = 31\text{mm}$$

$$c = \min\left(d_c, \frac{\text{보강근 중심간 간격}}{2}\right) \le 3.5d_b$$

$$= \min\left(40 + 12.7 + \frac{25.4}{2}, \ \frac{12.7 + 31 + 12.7}{2}\right) \le 3.5(25.4)$$

$$= \min(65, 28) \le 89$$

$c = 28\text{mm}$

$$l_d = \frac{\alpha \dfrac{f_{fr}}{0.083\sqrt{f_{ck}}} - 340}{13.6 + \dfrac{c}{d_b}} d_b = \frac{(1.5)\dfrac{(440)}{0.083\sqrt{28}} - 340}{13.6 + \dfrac{28}{25.4}} (25.4) = 2{,}010\text{mm}$$

따라서 요구되는 최소 정착길이는 2,010mm이다.

11. 인장지배 단면의 인장부에서 헤디드 FRP 보강근

문제 10에서 헤디드 FRP 보강근을 적용할 때의 필요 정착길이를 계산하시오. 단, 헤디드 FRP 보강근의 유효강도계수는 0.5로 가정하시오.

풀이

1. 요구 정착력, 소요 헤드 정착력 계산

$$F_d = f_r \times A_f = 440\text{MPa} \times 2{,}040\,\text{mm}^2 = 897.6\,\text{kN} \quad (f_f = f_{fu})$$

$$F_{head} = 0.5 \times f_{fu} \times A_f = 448.8\,\text{kN}$$

→ $F_d > F_{head}$이므로 정착길이 산정 필요

2. 헤디드 FRP 보강근 적용시의 정착길이 계산

$$l_{dh} = \frac{\alpha \dfrac{f_{fr} - f_{fuh}}{0.083\sqrt{f_{ck}}} - 340}{13.6 + \dfrac{c}{d_b}} d_b = 711\text{mm}$$

따라서 헤디드 FRP 보강근을 적용할 경우 요구되는 최소 정착길이는 710mm이다.

(교량 바닥판)

1. 설계 조건 및 재료 상수

1. 설계 조건

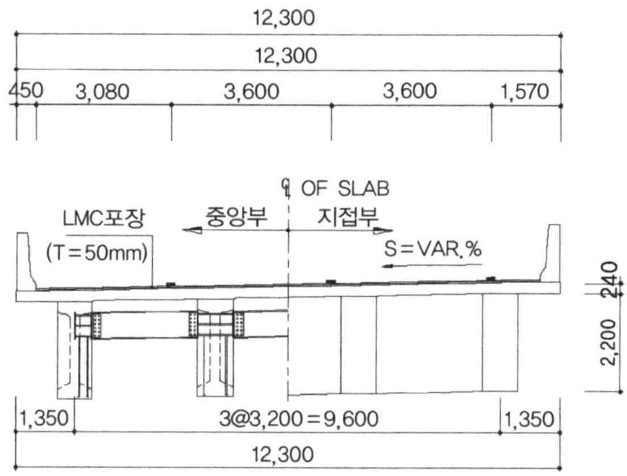

○ 슬래브 두께 $h_s = 240\text{mm}$

○ 포장 두께 $h_p = 50\text{mm}$

○ 상부 거더 형식 = PSC

○ 거더 상부플랜지폭 $b_f = 800\text{mm}$

○ 거더 복부폭 $b_w = 220\text{mm}$

○ 거더－거더 중심간격 $L_g = 3,200\text{mm}$

○ 단부－거더 중심간격 $L_c = 1,350\text{mm}$

○ 계산 폭원 $b = 1,000\text{mm}$

○ 설계 기준

- KDS 24 10 11 : 2016 교량설계 일반사항(한계상태설계법)
- KDS 24 12 11 : 2016 교량 설계하중조합(한계상태설계법)
- KDS 24 12 21 : 2016 교량 설계하중(한계상태설계법)
- KDS 24 14 21 : 2016 콘크리트교 설계기준(한계상태설계법)
- KCI FRP 보강근 콘크리트 구조설계지침(2018)

2. 재료 상수

1. 바닥판 콘크리트

- 기준압축강도 $f_{ck} = 35\text{MPa}$
- 평균압축강도 $f_{ctm} = f_{ck} + \Delta f = 39\text{MPa}$ KDS 24 14 21 3.1.2.1
- 평균인장강도 $f_{ctm} = 0.3(f_{cm})^{2/3} = 3,450\text{MPa}$ KDS 24 14 21 3.1.2.1
- 기준인장강도 $f_{ctk} = 0.21(f_{cm})^{2/3} = 2,415\text{MPa}$ KDS 24 14 21 3.1.2.1
- 탄성계수 $E_c = 0.077m_c^{1.5}\sqrt{f_{ck}} = 28,803\text{MPa}$ KDS 24 14 21 3.1.2.2
- 콘크리트 단위질량 $m_c = 2,300\text{kg/m}^3$ KDS 24 12 21 4.2
- 철근콘크리트 단위중량 $\gamma_{rc} = 24.5\text{kN/m}^3$ KDS 24 12 21 4.2
- 크리프계수 $\varphi = \varphi(\infty, 14) = 1.93$ KDS 24 12 21 3.1.2.3

※ 크리프계수 산정 t = 18,250days(50년), t' = 14days, RH = 80% 가정하여 계산

$$\varphi(t, t') = \varphi_o \beta_c (t - t')$$

여기서, $\varphi_o = \varphi_{RH}\beta(f_{cm})\beta(t')$

$$\varphi_{RH} = 1 + \frac{1 - 0.01RH}{0.10\sqrt[3]{h}},\quad \beta(f_{cm}) = \frac{16.8}{\sqrt{f_{cm}}}$$

$$\beta(t') = \frac{1}{0.1 + (t')^{0.2}},\quad \beta_c(t - t') = \left[\frac{(t - t')}{\beta_H + (t - t')}\right]^{0.3}$$

$$\beta_H = 1.5\left[1 + (0.012RH)^{18}\right]h + 250 \le 1,500(\text{일})$$

h = 개념부재치수(mm) = $2A_c/u$

u = 단면적 A_c의 둘레 중에서 수분이 외기로 확산되는 둘레길이(mm)

2. 포장

○ 포장 단위중량 $\gamma_p = 22.6\text{kN/m}^3$ KDS 24 12 21 4.2

3. 철근

○ 탄성계수 $E_s = 200{,}000\text{MPa}$

○ 공칭직경과 공칭단면적 KSD 3504 : 2016 철근 콘크리트용 봉강

구분	D10	D13	D16	D19	D22	D25	D29	D32	D35	D38
공칭직경(mm)	9.53	12.7	15.9	19.1	22.2	25.4	28.6	31.8	34.9	38.1
공칭단면적(mm^2)	71.3	127	197	285	388	507	641	792	958	1,140

○ 노출환경등급 KDS 24 12 21 4.4.1

노출등급	EC1	EC2	EC3	EC4	ED1	ED2	ED3	ES1	ES2	ES3
최소콘크리트강도(MPa)	21	24	30	30	30	30	35	30	35	35
최소피복(mm)	25	35	35	40	45	50	55	45	50	55

4. FRP 보강근

"KS F ISO 10406-1 콘크리트용 섬유강화폴리머(FRP) 보강재 시험방법 - 제1부 : FRP 보강근 및 격자" 에 근거한 인장실험 후 제조사에서 제공

구분	D13	D16	D19	비고
공칭직경	13.1mm	16.5mm	18.9mm	
공칭단면적	135.0mm^2	213.3mm^2	280.5mm^2	
평균인장강도 $f_{fu,ave}$	1130.00MPa	1066.39MPa	1030.38MPa	
공칭인장강도 $f^*_{fu} = f_{fu,ave} - 3\sigma$	1059.00MPa	987.55MPa	981.38MPa	
설계인장강도 $f_{fu} = C_E f^*_{fu}$	741.30MPa	691.29MPa	686.97MPa	C_E=0.70(외기)
공칭탄성계수 E_f	46.50GPa	47.84GPa	46.71GPa	

2. 설계 단면 및 하중 산정

1. 중앙부 바닥판

(1) 설계 단면

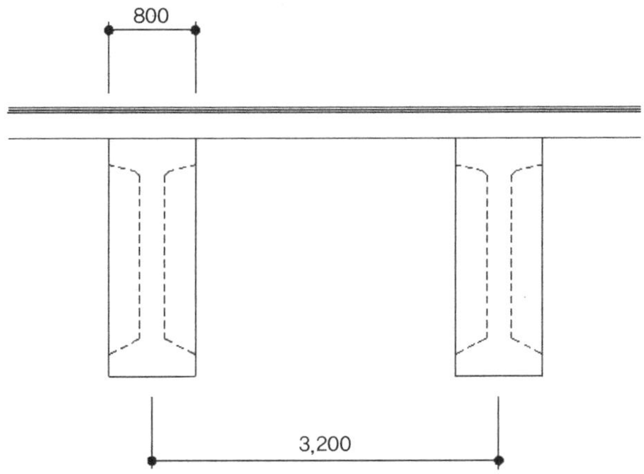

○ 유효경간과 사용두께 산정 KDS 24 10 11 4.6.2.3

프리스트레스트 콘크리트 거더로 지지되고 (상부플랜지폭)/(바닥판두께)= 800/240= 3.33<4.0이므로 유효경간장은 거더 상부플랜지 끝단을 기준으로 산정

- 바닥판 유효경간 $L = 3,200 - 800 = 2,400\text{mm}$
- 사용두께 $h = 240\text{mm}$

○ 최소두께 검토 KDS 24 14 21 4.6.5.1항, KCI FRP DG 8.2.1

- 최소두께 $t_{min} = 220\text{mm} < h = 240\text{mm}$ 만족함

(2) 하중 산정

○ 고정하중(DC, DW) KDS 24 10 11 4.6.2.7항

- 슬래브 자중 $w_{dc} = h\gamma_{rc} = 0.24 \times 24.5 = 5.880\text{kN/m}^2$
- 슬래브 고정하중 모멘트 $M_{dc} = w_{dc}L^2/10 = 5.88 \times 2.4^2/10 = 3.387\text{kN-m}$
- 포장 자중 $w_{dw} = h_p\gamma_p = 0.05 \times 22.6 = 1.130\text{kN/m}^2$
- 포장 고정하중 모멘트 $M_{dw} = w_{dw}L^2/10 = 1.13 \times 2.4^2/10 = 0.651\text{kN-m}$

○ 활하중(LL, IM, 후륜하중 $p = 96$kN)　KDS 24 10 11 4.6.2.4, KDS 24 12 21 4.4.1

- 충격계수 IM = 0.25
- 충격 고려 활하중 모멘트

$$M_{LL+IM} = (L+0.6)P/9.6 \times (1+\mathrm{IM}) \times 0.8 = 30\mathrm{kN\text{-}m}$$

(3) 하중조합　KDS 24 12 11 4.1.1

○ 극한한계상태 하중조합 I : 1.25DC+1.5DW+1.8(LL+IM)

$$M_u = 1.25\times3.387+1.5\times0.651+1.8\times30.0 = 59.210\mathrm{kN\cdot m}$$

○ 사용하중조합 I(표준하중조합) : DC+DW+(LL+IM)

$$M_{s1} = 3.387+0.651+30.0 = 34.038\mathrm{kN\cdot m}$$

○ 사용하중조합 Ⅲ(최빈하중조합) : DC+DW+0.8(LL+IM)

$$M_{s3} = 3.387+0.651+0.8\times30.0 = 28.03776\mathrm{kN\cdot m}$$

○ 사용하중조합 Ⅴ(지속하중조합) : DC+DW

$$M_{s5} = 3.387+0.651 = 4.038\mathrm{kN\cdot m}$$

○ 피로하중조합 : 0.75(LL+IM)

$$M_f = 0.75\times30.0 = 22.500\mathrm{kN\cdot m}$$

2. 캔틸레버 부

(1) 설계 단면

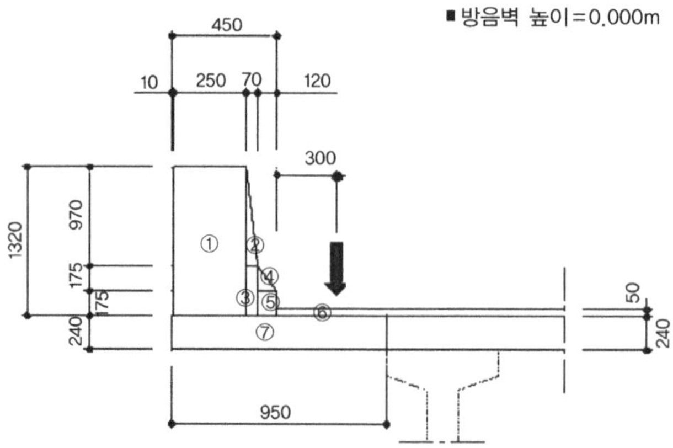

구분	면적 A(m²)		x(m)	A×x
방호벽 ①	0.25×1.320	= 0.3300	0.1350	0.0446
②	1/2×0.070×0.970	= 0.0340	0.2833	0.0096
③	0.070×0.350 = 0.0245	= 0.0245	0.2950	0.0072
④	1/2×0.120×0.175	= 0.0105	0.3700	0.0039
⑤	0.120×0.175	= 0.0210	0.3900	0.0082
방호벽 계		0.4200	0.1750	0.0735

(x는 단부로부터 거리)

○ 유효경간과 사용두께 산정 KDS 24 10 11 4.6.2.3

프리스트레스트 콘크리트 거더로 지지되고 (상부플랜지폭)/(바닥판두께) = 800/240 = 3.33<4.0이므로 유효경간 길이는 거더 상부플랜지 끝단을 기준으로 산정

- 바닥판 유효경간 $L = 1{,}350 - 800/2 = 950\text{mm}$
- 사용 두께 $h = 240\text{mm}$

○ 최소 두께 검토 KDS 24 14 21 4.6.5.1항, KCI FRP DG 8.2.1

- 최소 두께 $t_{\min} = 220\text{mm} < h = 240\text{mm}$ 만족함

○ 활하중 작용점에서 검토 단면까지의 거리

- $X = 950 - 450 - 300 = 200\text{mm}$

(2) 하중 산정

○ 고정하중(DC, DW) KDS 24 10 11 4.6.2.7

- 슬래브 자중 $w_{dc} = h\gamma_{rc} = 0.24 \times 24.5 = 5.880\text{kN/m}^2$
- 슬래브 고정하중 모멘트 $M_{dc1} = w_{dc}L^2/2 = 5.88 \times 0.95^2/2 = 2.653\text{kN-m}$
- 방호벽 자중 $P_b = 24.5 \times 0.42 = 10.289\text{kN}$
- 방호벽 고정하중 모멘트

$M_{dc2} = P_b(L - x) = 10.289 \times (0.95 - 0.175) = 7.974\text{kN-m}$

- 방음벽 자중 $P_s = 0\text{kN}$
- 방음벽 고정하중 모멘트 $M_{dc3} = P_sL = 0\text{kN-m}$

- 고정하중 모멘트 $M_{dc} = M_{dc1} + M_{dc2} + M_{dc3} = 10.628\text{kN-n}$

- 포장 자중 $w_{dw} = h_p \gamma_p = 0.05 \times 22.6 = 1.130\text{kN/m}^2$

- 포장 고정하중 모멘트

  $M_{dw} = w_{dw} L_p^2 / 2 = 1.13 \times (0.95 - 0.45)^2 / 2 = 0.141\text{kN-m}$

○ 활하중(LL, IM, 후륜하중 $p = 96\text{kN}$) KDS 24 10 11 4.6.2.5, KDS 24 12 21 4.4.1

- 분포폭 $E = 0.8X + 1.14 = 0.8 \times 0.2 + 1.14 = 1.3\text{m}$

- 충격계수 IM = 0.25

- 충격 고려 활하중 모멘트 $M_{LL+IM} = \frac{P}{E} X(1 + \text{IM}) = 18.462\text{kN-m}$

○ 충돌하중(CT)

- 곡선 반경 $R = 0\text{m}$ ($R \leqq 200\text{m}$ 곡선부인 경우 작용하중의 2배 적용)

- 작용높이 = 1.0+0.05+0.24/2 = 1.17m(노면상 1.0m 높이에 직각으로 작용)

  설계속도 $V = 100\text{km/h}$

  수평력 = $(V/60)^2 \times 7.5 + 2.5 = 23.333\text{kN}$

  수평충돌 모멘트 M_{ct1} = (작용높이)×(수평력) = 27.300kN-m

- 작용높이 = 1.32+0.24/2 = 1.440m(방호벽, 방음벽 상단)

  수평력 = 10kN

  수평충돌 모멘트 M_{ct1} = (작용높이)×(수평력)=14.400kN-m

- 충돌 모멘트 = $\max(M_{ct1}, M_{ct2}) = 27.300\text{kN-m}$

○ 풍하중(WS)

- 적용 풍하중 $w_w = 3.0\text{kN/m}^2$

- 적용 높이 $h_w = 1.32 + 0.24/2 +$ (방음벽 높이=0)=1.440m

- 풍하중 모멘트 $M_w = w_w H_w^2 / 2 = 3.110\text{kN-m}$

(3) 하중조합 KDS 24 12 11 4.1.1

○ 극한한계상태 하중조합 I : 1.25DC+1.5DW+1.8(LL+IM)

$$M_u = 1.25 \times 10.628 + 1.5 \times 0.141 + 1.8 \times 18.462 = 46.727\text{kN-m}$$

○ 사용하중조합 I(표준하중조합) : DC+DW+(LL+IM)+0.3WS

$$M_{s1} = 10.628 + 0.141 + 18.462 + 0.3 \times 3.110 = 30.164\text{kN-m}$$

○ 사용하중조합 Ⅲ(최빈하중조합 : DC+DW+0.8(LL+IM)

$$M_{s3} = 10.628 + 0.141 + 0.8 \times 18.462 = 26.458\text{kN-m}$$

○ 사용하중조합 Ⅴ(지속하중조합) : DC+DW

$$M_{s5} = 10.628 + 0.141 = 10.769\text{kN-m}$$

○ 피로하중조합 : 0.75(LL+IM)

$$M_f = 0.75 \times 18.462 = 13.846\text{kN-m}$$

3. FRP 보강근 콘크리트 바닥판 검토

1. 중앙부

(1) 적용 FRP 보강근

○ 주보강근 D16@100, 피복 35mm 선택

- 주보강근 직경 $d_b = 16.5\text{mm}$
- 주보강근 면적 $A_f = 213.3 \times 1{,}000/100 = 2{,}133\text{mm}^2$
- 설계인장강도 $f_{fu} = 691.29\text{MPa}$
- 탄성계수 $E_f = 47{,}840\text{MPa}$
- 깊이 $d = 240 - 35 + 16.5/2 = 196.75\text{mm}$

○ 주보강근 피복 검토 KCI FRP DG 7.3

- 피복 = 35mm > max (2d_b, 30mm) = 33mm 만족함

○ 횡보강근 : D16@200 선택

- 횡보강근 면적 $A_{ft} = 213.3 \times 1{,}000/200 = 1{,}066.5\text{mm}^2$

○ 수축 및 온도보강근 검토 KCI FRP DG 7.1

- $\rho_{f,ts} = 0.75 \times \dfrac{1}{f_{fu}} \dfrac{E_s}{E_f} \le 0.0036$

- $A_{ts} = \rho_{f,ts} bh/2 = 432\text{mm}^2$ < 주보강근 $A_f = 2{,}133\text{mm}^2$ 만족함

  < 횡보강근 $A_{ft} = 1{,}066.5\text{mm}^2$ 만족함

(2) 극한한계상태 검토 KCI FRP DG 4.2

○ 균형보강비와 강도감소계수

- 균형보강비 $\rho_{fb} = 0.85\beta_1 \dfrac{f_{ck}}{f_{fu}} \dfrac{E_f \varepsilon_{cu}}{E_f \varepsilon_{cu} + f_{fu}} = 0.00593$

  여기서, $\beta_1 = 0.85 - 0.007(f_{ck} - 28)$, $0.65 \le \beta_1 \le 0.85 = 0.801$

  콘크리트 극한변형률 $\varepsilon_{cu} = 0.003$

- 보강비 $\rho_f = \dfrac{A_f}{bd} = 0.010841 > \rho_{fb} = 0.00593$ → 콘크리트 압축파괴

- 강도감소계수 $\phi = \begin{cases} 0.55 & \rho_f \le \rho_{fb} \\ 0.3 + 0.25\dfrac{\rho_f}{\rho_{fb}} & \rho_{fb} < \rho_f < 1.4\rho_{fb} = 0.65 \\ 0.65 & \rho_f \ge 1.4\rho_{fb} \end{cases}$

○ 설계휨강도 검토(콘크리트 압축파괴 조건)

- 보강근 인장응력 $f_f = \left(\sqrt{\dfrac{(E_f \varepsilon_{cu})^2}{4} + \dfrac{0.85\beta_1 f_{ck}}{\rho_f} E_f \varepsilon_{cu}} - 0.5 E_f \varepsilon_{cu} \right) \le f_{fu}$

  $= 494.471\text{MPa}$

- 공칭휨모멘트 $M_n = A_f f_f \left(d - \dfrac{a}{2} \right) = 188.818\text{kN-m}$

  여기서, $a = \beta_1 c = \dfrac{A_f f_f}{0.85 f_{ck} b} = 35.452\text{mm}$

- 설계휨강도 $M_u = \phi M_n = 122.732\text{kN-m} > M_u = 59{,}210\text{kN-m}$ 만족함

※ 참고 : FRP 보강근 인장파괴 조건시 검토식

> 설계휨강도 검토(FRP 보강근 인장파괴 조건)
>
> - 보강근 인장응력 $f_f = f_{fu} = 691.29\text{MPa}$
>
> - 공칭휨모멘트 $M_n = A_f f_{fu}\left(d - \dfrac{\beta_1 c_b}{2}\right)$
>
> 여기서, $c_b = \left(\dfrac{\varepsilon_{cu}}{\varepsilon_{cu} + f_{fu}/E_f}\right)d$
>
> - 설계휨강도 $M_u = \phi M_n > M_u$ 검토
>
> 최소 FRP 보강량 검토
>
> 단면이 인장지배 단면이므로 균열 방지를 위해 최소 FRP 보강량 필요
>
> $$A_{f.\min} = \frac{0.41\sqrt{f_{ck}}}{f_{fu}} b_w d \geq \frac{2.3}{f_{fu}} b_w d$$

○ 소요보강근량 산정

- 시산법으로 $M_u = 59.210\text{kN-m}$ 보다 크게 근접하도록 계산

표 22

시도	A_f [mm²]	ρ_f	ϕ	f_f [MPa]	C [mm]	M_n [kN · m]	M_d [kN · m]	$M_d \sim M_u$ 조건
1	1500	0.007624	0.622	601.85	37.88	163.923	101.896	NG
2	851	0.004325	0.55	691.29	33.83	107.776	59.277	OK

따라서 소요보강근량 $A_{f,req} = 851\text{mm}^2$

(3) 사용한계상태 검토

○ 탄성 균열 단면 해석 KCI FRP DG 4.3.1

- $n_f = E_f / E_c = 1.661$

- $k=\sqrt{(n_f\rho_f)^2+2n_f\rho_f}-n_f\rho_f=0.173$

- $c=kd=34.0\text{mm}$

- $I_{cr}=\dfrac{bc^3}{3}+n_fA_f(d-c)^2=106,940,994\text{mm}^4$

○ 균열 검토 KCI FRP DG 4.3.2, 3.4.3

- $w=2\dfrac{f_{fs}}{E_f}\beta k_b\sqrt{d_c^2+\left(\dfrac{s}{2}\right)^2}=0.301\text{mm}<w_{\lim}=0.5\text{mm}$ 만족함

여기서 $f_{fs}=n_f\dfrac{M_s}{I_{cr}}(d-c)=86.059\text{MPa}$

$M_s=M_{s1}=34.038\text{kN-m}$(사용하중조합 I 적용)

$\beta=(h-c)/(d-c)=1.266$

휨부착계수 $k_b=1$

$d_c=35+16.5/2=43.25\text{mm}$

$s=100\text{mm}$

○ 처짐 검토 KCI FRP DG 4.3.3, 3.4.2

- 비균열 단면이차모멘트 $I_g=bh^3/12=1,152,000,000\text{mm}^4$

- 균열모멘트 $M_{cr}=f_rI_g/y_t=35.780\text{kN-m}$

여기서, $f_r=0.63\sqrt{f_{ck}}=3.727\text{MPa}$

$y_t=h/2=120\text{mm}$

- 표준하중조합 적용시 단면이차모멘트 I_{D+L}

$M_a=M_{s1}=34.064\text{kN-m}$로 $M_a<M_{cr}$이므로 계산상 균열이 발생하지 않으나 큰 차이가 없으므로 콘크리트 인장강도의 편차, 온도 및 수축의 영향 등을 고려하여 균열단면으로 가정한다. 다음 식에서 $M_a=M_{cr}$을 대입하여 유효단면이차모멘트로 계산

$$I_{D+L}=I_e=\left(\frac{M_{cr}}{M_a}\right)^3\beta_d I_g+\left[1-\left(\frac{M_{cr}}{M_a}\right)^3\right]I_{cr}=421,477,693\text{mm}^4$$

여기서, $\beta_d=\min\left(\frac{1}{5}\frac{\rho_f}{\rho_{fd}},\ 1.0\right)=0.366$

- 지속하중조합 적용시 단면이차모멘트 I_D

$M_a=M_{s5}=4.038\text{kN-m}$로 $M_a \ll M_{cr}$이므로 비균열 단면이차모멘트 적용

$I_D=I_g=1,152,000,000\text{mm}^4$

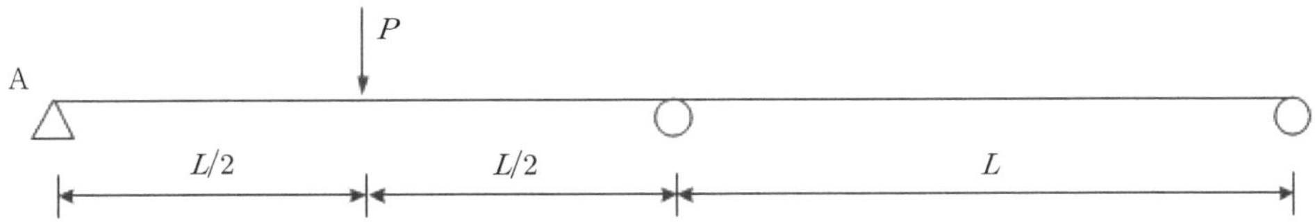

$\Delta_{max}=0.015\frac{PL^3}{EI}$ (최대처짐 위치: A점에서 0.480L)

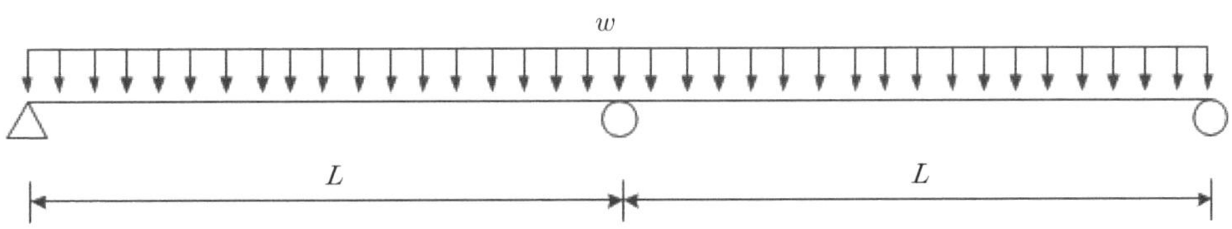

$\Delta_{max}=\frac{wL^4}{185EI}$ (최대처짐 위치: 끝단 지점에서 0.4215L)

- 처짐계산공식 : 다음과 같이 이경간 연속보에 대한 처짐공식 적용

- 활하중 및 충격에 의한 처짐

$\Delta_L=\Delta_{D+L}-\Delta_D=0.854114\text{mm} < \Delta_{L,\ \text{lim}}$

=지간 / 1,000=3,200 / 1,000=3.20mm 만족함

여기서, 보수적인 계산을 위해 Δ_D는 I_D를, Δ_{D+L}에는 I_{D+L}을 적용하고, 충격 고려 활하중은 설계 활하중 모멘트를 집중하중으로 변환시켜 처짐계산하며, 집중하중과 분포하중에 의한 최대처짐 발생 위치의 불일치는 무시하고 중첩한다.

$$\Delta_{D+L} = \frac{0.015 P_L L^3}{E_c I_{D+L}} + \frac{wL^4}{185 E_c I_{D+L}}$$

$$= 2.049619 + 0.000104 = 0.854153\text{mm}$$

$$\Delta_D = \frac{wL^4}{185 E_c I_D} = 0.000038\text{mm}$$

$P_L = 4M_{LL}/L = 50\text{kN}$ (충격 고려 윤하중 ... $M_{LL} = 30\text{kN-m}$)

$w = w_{dc} + w_{dw} = 5.88 + 1.13 = 7.01\text{kN/m}^2$(지속하중)

$L = 2400\text{mm}$ (유효지간)

(지간)= 3,200mm (거더 중심간 거리)

- 지속하중에 의한 순간처짐

$$\Delta_{sus} = \frac{wL^4}{185 E_c I_{D+L}} = 0.000104\text{mm}$$

여기서, 단면이차모멘트로 균열을 고려한 I_{D+L}를 보수적으로 적용

- 지속하중에 의한 장기처짐

$\Delta_{(cp+sh)} = 0.6\xi\Delta_{sus} = 0.000124\text{mm}$

여기서, 시간경과계수 $\xi = 2.0$ 60개월 이상) 적용

- 총처짐 검토

$\Delta = \Delta_L + \Delta_{sus} + \Delta_{(cp+sh)} = 0.854343\text{mm} < \Delta_{\lim}$

=지간 / 240 = 13.333mm 만족함

○ 크리프 파괴응력 제한 KCI FRP DG 4.3.4, 3.4.4

$$f_{fs} = n_f \frac{M_s}{I_{cr}}(d-c) = 10.209\text{MPa} < 0.2 f_{fu} = 138.258\text{MPa} \quad \text{만족함}$$

여기서, $M_s = M_{s5} = 4.038\text{kN-m}$

○ 피로 파괴응력 제한 KCI FRP DG 4.3.4, 3.4.4

$$f_{fs} = n_f \frac{M_s}{I_{cr}}(d-c) = 56.888\text{MPa} < 0.2 f_{fu} = 138.258\text{MPa}$$

여기서, $M_s = M_{sf} = 22.5\text{kN-m}$

(4) 배력근 검토 KCI FRP DG 8.2.2

주근이 차량 진행방향에 직각이므로 주근 소요배근량의 다음 백분율 이상으로 배근한다.

$$\min\left(\frac{120}{\sqrt{L}},\ 67\right)\% = 67\%$$

따라서 $A_{f,req} \times 67\% = 851 \times 0.67 = 570.17\text{mm}^2 \le A_{ft} = 1{,}066.5\text{mm}^2$ 만족함

(5) 정착길이와 겹침이음 산정

○ 정착길이 KCI FRP DG 6.2.1

$$l_d = \max\left(\frac{\alpha\dfrac{f_{fr}}{0.083\sqrt{f_{ck}}} - 340}{13.6 + \dfrac{C}{d_b}}\ d_b,\ 20d_b\right) = 330\text{mm}$$

여기서, 위치수정계수 $\alpha = 1.0$

$d_b = 16.5\text{mm}$

$C = \min$(보강근 중심까지 피복두께, 보강근 간격 / 2)

$= \min(35 + 16.5/2,\ 100/2) = 43.25\text{mm}$

소요 응력 $f_{fr} = \dfrac{M_u}{0.55M_n} f_f \le f_f = 197.068\text{MPa}$

휨 파괴시 응력 $f_f = 494.501\text{MPa}$

○ 겹침이음 길이 KCI FRP DG 6.4

겹침이음 길이 $= \max(300\text{mm},\ 1.3l_d) = 429\text{mm}$

2. 캔틸레버부

(1) 적용 FRP 보강근

○ 주보강근 D16@100, 피복 35mm 선택

- 주보강근 직경 $d_b = 16.5\text{mm}$

- 주보강근 면적 $A_f = 213.3 \times 1,000/100 = 2,133\text{mm}^2$

- 설계인장강도 $f_{fu} = 691.29\text{MPa}$

- 탄성계수 $E_f = 47,840\text{MPa}$

- 깊이 $d = 240 - 35 + 16.5/2 = 196.75\text{mm}$

○ 주보강근 피복 검토 KCI FRP DG 7.3

- 피복 $= 35\text{mm} > \max(2d_b, 30\text{mm}) = 33\text{mm}$ 만족함

○ 횡보강근 : D16@200 선택

- 횡보강근 면적 $A_{ft} = 213.3 \times 1,000/200 = 1,066.5\text{mm}^2$

○ 수축 및 온도보강근 검토 KCI FRP DG 7.1

- $\rho_{f,ts} = 0.75 \times \dfrac{1}{f_{fu}} \dfrac{E_s}{E_f} \leq 0.0036$

- $A_{ts} = \rho_{f,ts} bh/2 = 432\text{mm}^2 <$ 주보강근 $A_{ft} = 2,133\text{mm}^2$ 만족함

$<$ 횡보강근 $A_{ft} = 1,066.5\text{mm}^2$ 만족함

(2) 극한한계상태 검토 KCI FRP DG 4.2

○ 균형보강비와 강도감소계수

- 균형보강비 $\rho_{fb} = 0.85\beta_1 \dfrac{f_{ck}}{f_{fu}} \dfrac{E_f \varepsilon_{cu}}{E_f \varepsilon_{cu} + f_{fu}} = 0.00593$

여기서, $\beta_1 = 0.85 - 0.007(f_{ck} - 28),\ 0.65 \leq \beta_1 \leq 0.85 = 0.801$

콘크리트 극한변형률 $\varepsilon_{cu} = 0.003$

- 보강비 $\rho_f = \dfrac{A_f}{bd} = 0.010841 > \rho_{fb} = 0.00593$ → 콘크리트 압축파괴

- 강도감소계수 $\phi = \begin{cases} 0.55 & \rho_f \leq \rho_{fb} \\ 0.3 + 0.25\dfrac{\rho_f}{\rho_{fb}} & \rho_{fb} < \rho_f < 1.4\rho_{fb} = 0.65 \\ 0.65 & \rho_f \geq 1.4\rho_{fb} \end{cases}$

○ 설계휨강도 검토(콘크리트 압축파괴 조건)

- 보강근 인장응력 $f_f = \left(\sqrt{\frac{(E_f \varepsilon_{cu})^2}{4} + \frac{0.85 \beta_1 f_{ck}}{\rho_f} E_f \varepsilon_{cu}} - 0.5 E_f \varepsilon_{cu} \right) \le f_{fu}$

$$= 494.471 \mathrm{MPa}$$

- 공칭휨모멘트 $M_n = A_f f_f \left(d - \frac{a}{2} \right) = 188.818 \mathrm{kN\text{-}m}$

여기서, $a = \beta_1 c = \frac{A_f f_f}{0.85 f_{ck} b} = 35.452 \mathrm{mm}$

- 설계휨강도 $M_u = \phi M_n = 122.732 \mathrm{kN\text{-}m} > M_u = 46.727 \mathrm{kN\text{-}m}$ 만족함

※ 참고 : FRP 보강근 인장파괴 조건시 검토식

설계휨강도 검토(FRP 보강근 인장파괴 조건)

- 보강근 인장응력 $f_f = f_{fu} = 691.29 \mathrm{MPa}$

- 공칭휨강도 $M_n = A_f f_{fu} \left(d - \frac{\beta_1 c_b}{2} \right)$

여기서, $c_b = \left(\frac{\varepsilon_{cu}}{\varepsilon_{cu} + f_{fu}/E_f} \right) d$

- 설계휨강도 $M_u = \phi M_n > M_u$ 검토

최소 FRP 보강량 검토

단면이 인장지배 단면이므로 균열 방지를 위해 최소 FRP 보강량 필요

$$A_{f.\min} = \frac{0.41 \sqrt{f_{ck}}}{f_{fu}} b_w d \ge \frac{2.3}{f_{fu}} b_w d$$

(3) 사용한계상태 검토

○ 탄성 균열 단면 해석 KCI FRP DG 4.3.1

- $n_f = E_f / E_c = 1.661$

- $k = \sqrt{(n_f \rho_f)^2 + 2 n_f \rho_f} - n_f \rho_f = 0.173$

- $c = kd = 34.0\text{mm}$

- $I_{cr} = \dfrac{bc^3}{3} + n_f A_f (d-c)^2 = 106,940,994\text{mm}^4$

○ 균열 검토 KCI FRP DG 4.3.2, 3.4.3

- $w = 2\dfrac{f_{fs}}{E_f}\beta k_b \sqrt{d_c^2 + \left(\dfrac{s}{2}\right)^2} = 0.267\text{mm} < w_{\lim} = 0.5\text{m}$ 만족함

여기서 $f_{fs} = n_f \dfrac{M_s}{I_{cr}}(d-c) = 76.264\text{MPa}$

$M_s = M_{s1} = 30.164\text{kN-m}$ (사용하중조합 I 적용)

$\beta = (h-c)/(d-c) = 1.266$

휨부착계수 $k_b = 1$

$d_c = 35 + 16.5/2 = 43.25\text{mm}$

$s = 100\text{mm}$

○ 처짐 검토 KCI FRP DG 4.3.3, 3.4.2

- 비균열 단면이차모멘트 $I_g = bh^3/12 = 1,152,000,000\text{mm}^4$
- 균열모멘트 $M_{cr} = f_r I_g / y_t = 35.780\text{kN-m}$

여기서 $f_r = 0.63\sqrt{f_{ck}} = 3.727\text{MPa}$

$y_t = h/2 = 120\text{mm}$

- 표준하중조합 적용시 단면이차모멘트 I_{D+L}

$M_a = M_{s1} = 34.064\text{kN-m}$로 $M_a < M_{cr}$이므로 계산상 균열이 발생하지 않으나 큰 차이가 없으므로 콘크리트 인장강도의 편차, 온도 및 수축의 영향 등을 고려하여 균열단면으로 가정한다. 다음 식에서 $M_a = M_{cr}$을 대입하여 유효단면이차모멘트로 계산한다.

$$I_{D+L} = I_e = \left(\frac{M_{cr}}{M_a}\right)^3 \beta_d I_g + \left[1 - \left(\frac{M_{cr}}{M_a}\right)^3\right] I_{cr} = 471,947,227\text{mm}^4$$

여기서, $\beta_d = \min\left(\frac{1}{5}\frac{\rho_f}{\rho_{fd}},\ 1.0\right) = 0.366$

- 지속하중조합 적용시 단면이차모멘트 I_D

  $M_a = M_{s5} = 4.038\text{kN-m}$ 로 $M_a \ll M_{cr}$ 이므로 비균열 단면이차모멘트 적용

  $I_D = I_g = 1,152,000,000\text{mm}^4$

- 처짐 계산 공식: 다음과 같은 처짐공식 적용

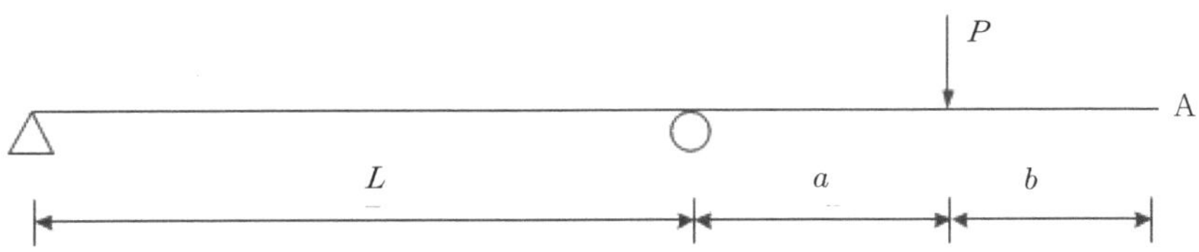

$$\Delta_A = \frac{Pa^2(L+a)}{3EI} + \frac{Pab(2L+3a)}{6EI}$$

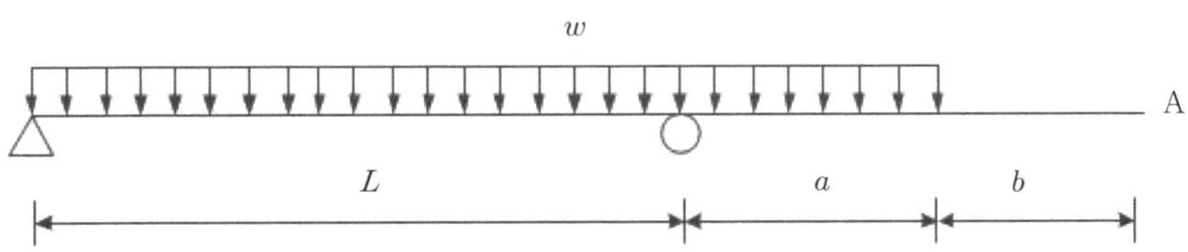

$$\Delta_A = \frac{wa}{24EI}(4a^2L - L^3 + 3a^3) + \frac{wb}{24EI}(4a^2L - L^3 + 4a^3)$$

- 활하중 및 충격에 의한 처짐

  $\Delta_L = \Delta_{D+L} - \Delta_D = 1.718256\text{mm} < \Delta_{L,\ \lim} =$ 지간/375 = 3.60 　　만족함

여기서, 보수적인 계산을 위해 Δ_D는 I_D를 Δ_{D+L}에는 I_{D+L}을 적용하고, 충격 고려 활하중은 설계 활하중 모멘트를 집중하중으로 변환하여 처짐 계산

$$\Delta_{D+L} = \Delta_1 + \Delta_2 + \Delta_3 + \Delta_4 + \Delta_5 = 1.965283\text{mm}$$

$$\Delta_D = (\Delta_2 + \Delta_3 + \Delta_4 + \Delta_5)\,\frac{I_{D+L}}{I_D} = 0.247028\text{mm}$$

$$\Delta_1 = \frac{P_L a_1^2 (L + a_1)}{3E_c I_{D+L}} + \frac{P_L a_1 b_1 (2L + 3a_1)}{6E_c I_{D+L}} = 1.290097\text{mm} \ (\text{활하중 집중하중})$$

$$\Delta_2 = \frac{w_{dc} a_2}{24E_c I_{D+L}}(4a_2^2 L - L^3 + 3a_2^3) = -0.000050\text{mm} \ (\text{슬래브 자중})$$

$$\Delta_3 = \frac{w_{dw} a_3}{24E_c I_{D+L}}(4a_3^2 L - L^3 + 3a_3^3) + \frac{w_{dw} b_3}{24E_c I_{D+L}}(4a_3^2 L - L^3 + 4a_3^3) = -0.000047\text{mm} \ (\text{포장 자중})$$

$$\Delta_4 = \frac{P_b a_4^2 (L + a_4)}{3E_c I_{D+L}} + \frac{P_b a_4 b_4 (2L + 3a_4)}{6E_c I_{D+L}} = 0.675283\text{mm} \ (\text{방호벽 집중하중})$$

$$\Delta_5 = \frac{P_s a_5^2 (L + a_5)}{3E_c I_{D+L}} = 0\text{mm} \ (\text{방음벽 집중하중})$$

$P_L = M_{LL}/a_1 = 92.31\text{kN}$ (충격 고려 윤하중... $M_{LL} = 18.46\text{kN-m}$)

$a_1 = 200\text{mm}$, $b_1 = 950 - 200 = 750\text{mm}$

$w_{dc} = 5.88\text{kN/m}^2$ (슬래브 자중), $a_2 = 950\text{mm}$

$w_{dw} = 1.13\text{kN/m}^2$ (포장 자중), $a_3 = 500\text{mm}$, $b_3 = 450\text{mm}$

$P_b = 10.29\text{kN}$ (방호벽 자중), $a_4 = 775\text{mm}$, $b_4 = 175\text{mm}$

$P_w = 0\text{kN}$ (방음벽 자중), $a_5 = 950\text{mm}$

$L = 2400\text{mm}$ (중앙부 유효지간)

(지간) = 1,350mm (단부－외측거더 중심간 거리)

- 지속하중에 의한 순간 처짐

$\Delta_{sus} = \Delta_2 + \Delta_3 + \Delta_4 + \Delta_5 = 0.675186\text{mm}$

여기서, 단면이차모멘트로 균열을 고려한 I_{D+L}를 보수적으로 적용

- 지속하중에 의한 장기 처짐

$\Delta_{(cp+sh)} = 0.6\xi\Delta_{sus} = 0.810223\text{mm}$

여기서, 시간경과계수 $\xi = 2.0$ (60개월 이상) 적용

- 총처짐 검토

$\Delta = \Delta_{LL} + \Delta_{sus} + \Delta_{(cp+sh)} = 3.203665\text{mm} < \Delta_{\lim}$

$=$ 지간 / 240 $=$ 5.63mm 만족함

○ 크리프 파괴응력 제한 KCI FRP DG 4.3.4, 3.4.4

$$f_{fs} = n_f \frac{M_s}{I_{cr}}(d-c) = 27.227\text{MPa} < 0.2f_{fu} = 138.258\text{MPa}$$ 만족함

여기서, $M_s = M_{s5} = 10.769\text{kN-m}$

○ 피로 파괴응력 제한 KCI FRP DG 4.3.4, 3.4.4

$$f_{fs} = n_f \frac{M_s}{I_{cr}}(d-c) = 35.008\text{MPa} < 0.2f_{fu} = 138.258\text{MPa}$$ 만족함

여기서, $M_s = M_{sf} = 13.846\text{kN-m}$

(4) 정착길이 검토

KCI FRP DG 6.2.1

○ $$l_d = \max\left(\frac{\alpha\dfrac{f_{fr}}{0.083\sqrt{f_{ck}}} - 340}{13.6 + \dfrac{c}{d_b}}d_b,\ 20d_b\right) = 330\text{m}$$

여기서, 위치수정계수 $\alpha = 1.0$

$d_b = 16.5\text{mm}$

$C = \min$ (보강근 중심까지 피복두께, 보강근 간격/2)

$= \min(35 + 16.5/2,\ 100/2) = 43.25\text{mm}$

$$소요\ 응력\ f_{fr} = \frac{M_u}{0.55M_n} f_f \leqq f_f = 155.521\text{MPa}$$

$$휨\ 파괴시\ 응력\ f_f = 494.504\text{MPa}$$

○ 단부－외측 거더 중심 거리 $= 1{,}350\text{mm} > l_d = 330\text{mm}$

→ 정착용 갈고리나 헤디드바 필요 없음.

4. 철근콘크리트 바닥판 검토

1. 중앙부

(1) 적용 철근

○ 주철근 SD400 D16@200, 피복 52.05mm 선택

- 주철근 직경 $d_b = 15.9\text{mm}$
- 주철근 면적 $A_s = 198.6 \times 1{,}000/200 = 993.0\text{mm}^2$
- 항복강도 $f_y = 400\text{MPa}$
- 깊이 $d = 240 - 35 + 16.5/2 = 180.0\text{mm}$
- 주철근비 $\rho = A_s/bd = 0.005517$

○ 노출환경에 따른 콘크리트 압축강도 및 피복 검토 KDS 24 14 21 4.4

- 노출환경 EC3 선택
- 최소 콘크리트 기준압축강도 $= 35\text{MPa} \leq f_{ck} = 35\text{MPa}$ 만족함
- 공칭피복 : 40(최소피복)+10(설계편차) = 50mm ≤ 피복 = 52.05mm 만족함

○ 횡보강근 : D16@200 선택

- 횡보강근 면적 $A_{st} = 198.6 \times 1{,}000/200 = 993.0\text{mm}^2$

○ 수축 및 온도보강근 검토 KDS 24 14 21 4.6.15

- $A_{ts} = \frac{0.75}{f_y}\frac{bh}{2} = 225.0\text{mm}^2 <$ 주철근 $A_s = 993.0\text{mm}^2$ 만족함

$<$ 횡철근 $A_{st} = 993.0\text{mm}^2$ 만족함

(2) 극한한계상태 검토

○ 극한한계상태에 대한 재료 계수 KDS 24 14 21 1.4.2.3

- 콘크리트 재료 계수 $\phi_c = 0.65$

- 철근 재료 계수 $\phi_s = 0.9$

○ 콘크리트 관련 상수 KDS 24 14 21 3.1.2.5

- 상승곡선부 형상지수 $n = \min\left[1.2 + 1.5\left(\frac{100 - f_{ck}}{60}\right)^4,\ 2.0\right] = 2.0$

- 최대응력 도달시 변형률 $\varepsilon_{co} = \max\left[0.002 + \left(\frac{f_{ck} - 40}{100{,}000}\right),\ 0.002\right] = 0.002$

- 극한변형률 $\varepsilon_{cu} = \min\left[0.0033 - \left(\frac{f_{ck} - 40}{100{,}000}\right),\ 0.0033\right] = 0.0033$

○ p-r단면 해석 계수 김우(2014), 콘크리트구조 한계상태설계

- 압축합력 크기 계수 $\alpha = 1 - \frac{1}{n+1}\left(\frac{\varepsilon_{co}}{\varepsilon_{cu}}\right) = 0.7980$

- 작용점 위치 계수 $\beta = 1 - \dfrac{0.5 - \frac{1}{(1+n)(2+n)}\left(\frac{\varepsilon_{co}}{\varepsilon_{cu}}\right)^2}{\alpha} = 0.4246$

○ 설계휨강도

- 중립축 깊이 $c = \dfrac{A_s\phi_s f_y}{\alpha\phi_c 0.85 f_{ck} b} = 23.166\mathrm{mm}$

- 최대 중립축 깊이비 검토 KDS 24 14 21 4.6.2.1

$c_{\max} = \left(\frac{\delta\varepsilon_{cu}}{0.0033} - 0.6\right)d = 72\mathrm{mm} > c = 23.166\mathrm{mm}$ 만족함

여기서, 바닥판은 $\delta = 1$ 적용

- 인장철근 변형률 검토(항복 여부 검토 및 철근 파단 검토)

$$\varepsilon_s = \frac{d-c}{c}\varepsilon_{cu} = 0.02234 > \varepsilon_{yd} = \phi_s f_y / E_s = 0.00180 \quad \text{만족함}$$

$$< \text{철근 극한변형률 } \varepsilon_{su} = 0.05(\text{가정}) \quad \text{만족함}$$

- 설계휨강도

$M_d = (d - \beta c)\phi_s f_y A_s = 60.830\text{kN-m} > M_u = 59.210\text{kN-m}$

○ 소요철근량 산정

- $M_u = M_d$ 조건을 만족시키는 다음 수식에서 소요철근량 산정

$$M_u = \phi_s f_y A_{s,req}(d - \beta c_{req}) \text{ where } c_{req} = \frac{A_{s,req}\phi_s f_y}{\alpha\phi_c 0.85 f_{ck} b} = 0.023333 \times A_{s,req}$$

정리하면, $-3.35578 \times A_{s,req}^2 + 64{,}800 \times A_{s,req} = 59{,}209{,}920$

따라서 소요철근량 $A_{req} = 964.97\text{mm}^2$

○ 최소철근량 및 최대 중립축 깊이비 검토 KDS 24 14 21 4.6.2.1

- $A_{s,\min} = \min\left[\max\left(\frac{0.25\sqrt{f_{ck}}}{f_y}bd,\ \frac{1.4}{f_y}bd\right),\ \frac{4}{3}A_{req}\right]$

$= 665.6\text{mm}^2 < A_s = 993.0\text{mm}^2$ 만족함

(3) 사용한계상태 - 응력한계 검토 KDS 24 14 21 4.2.2.1

○ 균열 여부 판단

(사용하중조합 I(표준하중조합)에서 인장연단 콘크리트 응력 기준인장강도와 비교)

- 인장연단 콘크리트 응력

$$f_{ct} = \frac{6M_s}{bh^2} = 3.546\text{MPa} > f_{ctk} = 2.415\text{MPa} \rightarrow \text{균열 발생}$$

여기에서, $M_s = M_{s1} = 34.038\text{kN} \cdot \text{m}$

○ 교량 개통 직후 크리프가 발생하지 않은 상태에서 응력 검토

- 탄성계수비 $n = E_s / E_c = 6.944$
- 중립축 깊이비 $k = \sqrt{(n\rho)^2 + 2n\rho} - n\rho = 0.241$
- 중립축 깊이 $c = kd = 43.4\text{mm}$
- 지속하중조합에서의 응력한계 검토

$$f_c = \frac{M_{s5}}{0.5kbd^2(1-k/3)} = 1.124\text{MPa} < 0.45 f_{ck} = 15.750\text{MPa} \quad \text{만족함}$$

여기서, $M_{s5} = 4.038\text{kN-m}$

- 표준하중조합에서의 응력한계검토

$$f_c = \frac{M_{s1}}{0.5kbd^2(1-k/3)} = 9.474\text{MPa} < 0.6 f_{ck} = 21\text{MPa} \quad \text{만족함}$$

$$f_s = \frac{M_{s1}}{d(1-k/3)A_s} = 207.075\text{MPa} < 0.8 f_y = 320\text{MPa} \quad \text{만족함}$$

여기서, $M_{s1} = 34.038\text{kN-m}$

○ 모든 크리프가 발생된 상태에서의 응력 검토

- 크리프계수 $\varphi(\infty, 14) = 1.934$
- 유효탄성계수 $E_{ce} = \dfrac{(M_d + M_l)E_c}{M_l + (1+\varphi)M_d} = 23{,}427\text{MPa}$

여기서, $M_d = 4.038\text{kN-m}$, $M_l = 30\text{kN-m}$

- 탄성계수비 $n = E_s / E_{ce} = 8.537$
- 중립축 깊이비 $k = \sqrt{(n\rho)^2 + 2n\rho} - n\rho = 0.263$
- 중립축 깊이 $c = kd = 47.4\text{mm}$
- 지속하중조합에서의 응력한계 검토

$$f_c = \frac{M_{s5}}{0.5kbd^2(1-k/3)} = 1.037\text{MPa} < 0.45 f_{ck} = 15.750\text{MPa} \quad \text{만족함}$$

여기서, $M_{s5} = 4.038\text{kN-m}$

- 표준하중조합에서의 응력한계 검토

$$f_c = \frac{M_{s1}}{0.5kbd^2(1-k/3)} = 8.744\text{MPa} < 0.6f_{ck} = 21\text{MPa} \qquad \text{만족함}$$

$$f_s = \frac{M_{s1}}{d(1-k/3)A_s} = 208.761\text{MPa} < 0.8f_y = 320\text{MPa} \qquad \text{만족함}$$

여기서, $M_{s1} = 34.038\text{kN-m}$

(4) 사용한계상태 - 균열 검토

○ 설계 등급에 따른 하중조합 및 한계균열폭 KDS 24 14 21 4.2.1.2

- 설계등급 E 선택

→ $M_s = M_{s5} = 4.038\text{kN-m}$ (지속하중조합(사용하중조합 5) 적용)

→ 한계균열폭 $w_{\lim} = 0.3\text{mm}$

○ 균열 검토 KDS 24 14 21 4.2.3

- 탄성계수비 $n = E_s/E_c = 6.944$
- 중립축 깊이비 $k = \sqrt{(n\rho)^2 + 2n\rho} - n\rho = 0.241$
- 중립축 깊이 $c = kd = 43.4\text{mm}$
- 균열면 철근응력 $f_s = \dfrac{M_s}{d(1-k/3)A_s} = 24.564\text{MPa}$
- 유효인장면적 $A_{cte} = b \times \min\left(2.5(h-d), \dfrac{h-c}{3}, \dfrac{h}{2}\right) = 65,533\text{mm}^2$
- 유효인장철근비 $\rho_e = A_s/A_{cte} = 0.01515$
- 최대 균열간격 $l_{r,\max} = \begin{cases} 3.4c_c + \dfrac{0.425k_1k_2d_b}{\rho_e} & \text{spacing} \leqq 5\left(c_c + \dfrac{d_b}{2}\right) \\ 1.3(h-c) & \text{spacing} > 5\left(c_c + \dfrac{d_b}{2}\right) \end{cases}$

$$= 355.354\text{mm}$$

여기서, 최외곽 인장철근 피복 $c_c = 52.05\text{mm}$

부착강도에 따른 계수 $k_1 = 0.8$(이형철근 0.8, 원형철근 및 긴장재 1.6)

부재하중작용에 따른 계수 $k_2 = 0.5$(휨부재 0.5, 직접인장부재 1.0)

- 평균 변형률 $\varepsilon_{sm} - \varepsilon_{cm} = \max\left(\dfrac{f_{so}}{E_s} - \dfrac{0.4 f_{cte}(1 + n\rho_e)}{E_s \rho_e},\ \dfrac{0.6 f_{so}}{E_s}\right)$

$= 0.00007369$

- 균열폭 $w_k = l_{r,\min}(\varepsilon_{sm} - \varepsilon_{cm}) = 0.02619\text{mm} < w_{\lim} = 0.3\text{mm}$ 만족함

※참고 : 설계등급 D 선택시 $M_s = M_{s3}$, $w_{\lim} = 0.3\text{mm}$ 이며, 상기 과정을 통해 균열폭을 계산하면 0.18184mm가 계산됨

(5) 사용한계상태 - 처짐 검토

KDS 24 14 21 4.2.2.1

○ 기준 한계 지간-깊이비 $(l/d)_{r,\max} = 31.328$ (다음식 참조)

$$\left(\frac{l}{d}\right)_{r,\max} = \begin{cases} k\left[11 + 1.5\sqrt{f_{ck}}\dfrac{\rho_o}{\rho} + 3.2\sqrt{f_{ck}}\left(\dfrac{\rho_o}{\rho} - 1\right)^{3/2}\right] & \text{if } \rho \le \rho_o \\ k\left[11 + 1.5\sqrt{f_{ck}}\dfrac{\rho_o}{\rho - \rho'} + \dfrac{1}{12}\sqrt{f_{ck}}\sqrt{\dfrac{\rho'}{\rho_o}}\right] & \text{if } \rho > \rho_o \end{cases}$$

여기서, 인장철근비 $\rho = A_s/bd = 0.005517$

압축철근비 $\rho' = 0$

기준철근비 $\rho_0 = \sqrt{f_{ck}} \times 10^{-3} = 0.005916$

부재지지조건을 반영하는 계수 $k = 1.5$ (내측지간 1.5, 캔틸레버 0.4)

○ 한계 지간/깊이비 $(l/d)_{\max} = \dfrac{500 A_s}{f_y A_{s,req}} \times (l/d)_{r,\max} = 40.30$

$> l/d = 10.00$ 만족함

(6) 배력철근 검토 KDS 24 14 21 4.6.5.3

주근이 차량 진행방향에 직각이므로 주근 소요배근량의 다음 백분율 이상으르 배근한다.

$$\min\left(\frac{120}{\sqrt{L}},\ 67\right)\% = 67\%$$

따라서 $A_{f,req} \times 67\% = 965.0 \times 0.67 = 646.5\text{mm}^2 \le A_{st} = 993.0\text{mm}^2$ 만족함

2. 캔틸레버부

(1) 적용 철근

○ 주철근 SD400 D16@200, 피복 52.05mm 선택

- 주철근 직경 $d_b = 15.9\text{mm}$
- 주철근 면적 $A_s = 198.6 \times 1{,}000/200 = 993.0\text{mm}^2$
- 항복강도 $f_y = 400\text{MPa}$
- 깊이 $d = 240 - 35 + 16.5/2 = 180.0\text{mm}$
- 주철근비 $\rho = A_s/bd = 0.005517$

○ 노출환경에 따른 콘크리트 압축강도 및 피복 검토 KDS 24 14 21 4.4

- 노출환경 EC3 선택
- 최소 콘크리트 기준압축강도 $= 35\text{MPa} \le f_{ck} = 35\text{MPa}$ 만족함
- 공칭피복 : 40(최소피복)+10(설계편차)=50mm ≤ 피복 = 52.05mm 만족함

○ 횡보강근 : D16@200 선택

- 횡보강근 면적 $A_{st} = 198.6 \times 1{,}000/200 = 993.0\text{mm}^2$

○ 수축 및 온도보강근 검토 KDS 24 14 21 4.6.15

- $A_{ts} = \dfrac{0.75}{f_y}\dfrac{bh}{2} = 225.0\text{mm}^2 <$ 주철근 $A_s = 993.0\text{mm}^2$ 만족함

  $<$ 횡철근 $A_{st} = 993.0\text{mm}^2$ 만족함

(2) 극한한계상태 검토

○ 극한한계상태에 대한 재료 계수 KDS 24 14 21 1.4.2.3

- 콘크리트 재료 계수 $\phi_c = 0.65$
- 철근 재료 계수 $\phi_s = 0.9$

○ 콘크리트 관련 상수 KDS 24 14 21 3.1.2.5

- 상승곡선부 형상지수 $n = \min\left[(1.2 + 1.5\left(\frac{100 - f_{ck}}{60}\right)^4,\ 2.0\right] = 2.0$

- 최대응력 도달시 변형률 $\varepsilon_{co} = \max\left[0.002 + \left(\frac{f_{ck} - 40}{100,000}\right),\ 0.002\right] = 0.002$

- 극한변형률 $\varepsilon_{cu} = \min\left[0.0033 - \left(\frac{f_{ck} - 40}{100,000}\right),\ 0.0033\right] = 0.0033$

○ p-r 단면해석 계수 김우(2014), 콘크리트구조 한계상태설계

- 압축합력 크기 계수 $\alpha = 1 - \frac{1}{n+1}\left(\frac{\varepsilon_{co}}{\varepsilon_{cu}}\right) = 0.7980$

- 작용점 위치 계수 $\beta = 1 - \frac{0.5 - \frac{1}{(1+n)(2+n)}\left(\frac{\varepsilon_{co}}{\varepsilon_{cu}}\right)^2}{\alpha} = 0.4246$

○ 설계휨강도

- 중립축 깊이 $c = \frac{A_s \phi_s f_y}{\alpha \phi_c 0.85 f_{ck} b} = 23.166\text{mm}$

- 최대 중립축 깊이비 검토 KDS 24 14 21 4.6.2.1

$c_{\max} = \left(\frac{\delta \varepsilon_{cu}}{0.0033} - 0.6\right)d = 72\text{mm} > c = 23.166\text{m}$ 만족함

여기서, 바닥판은 $\delta = 1$ 적용

- 인장철근 변형률 검토(항복 여부 검토 및 철근 파단 검토)

$$\varepsilon_s = \frac{d-c}{c}\varepsilon_{cu} = 0.02234 > \varepsilon_{yd} = \phi_s f_y / E_s = 0.00180 \quad \text{만족함}$$

$$< \text{ 철근 극한변형률 } \varepsilon_{su} = 0.05(\text{가정}) \quad \text{만족함}$$

- 설계휨강도

$M_d = (d - \beta c)\phi_s f_y A_s = 60.830\text{kN-m} > M_u = 46.727\text{kN-m}$ 만족함

○ 소요철근량 산정

- $M_u = M_d$ 조건을 만족시키는 다음 수식에서 소요철근량 산정

$$M_u = \phi_s f_y A_{s,req}(d - \beta c_{req}) \text{ where } c_{req} = \frac{A_{s,req}\phi_s f_y}{\alpha\phi_c 0.85 f_{ck} b} = 0.023333 \times A_{s,req}$$

정리하면, $-3.35578 \times A_{s,req}^2 + 64800 \times A_{s,req} = 46,727,182$

따라서, 소요철근량 $A_{req} = 752.24\text{mm}^2$

○ 최소철근량 및 최대 중립축 깊이비 검토 KDS 24 14 21 4.6.2.1

- $A_{s,\min} = \min\left[\max\left(\frac{0.25\sqrt{f_{ck}}}{f_y}bd,\ \frac{1.4}{f_y}bd\right),\ \frac{4}{3}A_{req}\right] = 665.6\text{mm}^2$

$$< A_s = 993.0\text{mm}^2 \quad \text{만족함}$$

(3) 사용한계상태 - 응력한계 검토 KDS 24 14 21 4.2.2.1

○ 균열 여부 판단 (사용하중조합 I(표준하중조합)에서 인장연단 콘크리트 응력을 기준인장강도와 비교)

- 인장연단 콘크리트 응력

$$f_{ct} = \frac{6M_s}{bh^2} = 3.142\text{MPa} > f_{ctk} = 2.415\text{MPa} \rightarrow \text{균열 발생}$$

여기서, $M_s = M_{s1} = 30.64\text{kN-m}$

○ 교량 개통 직후 크리프가 발생하지 않은 상태에서 응력 검토

- 탄성계수비 $n = E_s / E_c = 6.944$

- 중립축 깊이비 $k=\sqrt{(n\rho)^2+2n\rho}-n\rho=0.241$
- 중립축 깊이 $c=kd=43.4\text{mm}$
- 지속하중조합에서의 응력한계 검토

$$f_c=\frac{M_{s5}}{0.5kbd^2(1-k/3)}=2.998\text{MPa}<0.45f_{ck}=15.750\text{MPa}\qquad \text{만족함}$$

여기서, $M_{s5}=10.769\text{kN-m}$

- 표준하중조합에서의 응력한계 검토

$$f_c=\frac{M_{s1}}{0.5kbd^2(1-k/3)}=8.397\text{MPa}<0.6f_{ck}=21\text{MPa}\qquad \text{만족함}$$

$$f_s=\frac{M_{s1}}{d(1-k/3)A_s}=183.506\text{MPa}<0.8f_y=320\text{MPa}\qquad \text{만족함}$$

여기서, $M_{s1}=30.164\text{kN-m}$

○ 모든 크리프가 발생한 상태에서의 응력 검토

- 크리프계수 $\varphi(\infty,14)=1.934$
- 유효탄성계수 $E_{ce}=\dfrac{(M_d+M_l)E_c}{M_l+(1+\varphi)M_d}=16,462\text{MPa}$

여기서, $M_d=10.769\text{kN-m}$, $M_l=18.462\text{kN-m}$

- 탄성계수비 $n=E_s/E_{ce}=11.89$
- 중립축 깊이비 $k=\sqrt{(n\rho)^2+2n\rho}-n\rho=0.303$
- 중립축 깊이 $c=kd=54.5\text{mm}$
- 지속하중조합에서의 응력한계 검토

$$f_c=\frac{M_{s5}}{0.5kbd^2(1-k/3)}=2.444\text{MPa}<0.45f_{ck}=21\text{MPa}\qquad \text{만족함}$$

여기서, $M_{s5}=10.769\text{kN-m}$

- 표준하중조합에서의 응력한계 검토

$$f_c = \frac{M_{s1}}{0.5kbd^2(1-k/3)} = 6.845\text{MPa} < 0.6f_{ck} = 21\text{MPa} \quad \text{만족함}$$

$$f_s = \frac{M_{s1}}{d(1-k/3)A_s} = 187.682\text{MPa} < 0.8f_y = 320\text{MPa} \quad \text{만족함}$$

여기서, $M_{s1} = 30.164\text{kN-m}$

(4) 사용한계상태 - 균열 검토

○ 설계등급에 따른 하중조합 및 한계균열폭 KDS 24 14 21 4.2.1.2

- 설계등급 E 선택

→ $M_s = M_{s5} = 10.769\text{kN-m}$ (지속하중조합(사용하중조합 5) 적용)

→ 한계균열폭 $w_{\lim} = 0.3\text{mm}$

○ 균열 검토 KDS 24 14 21 4.2.3

- 탄성계수비 $n = E_s/E_c = 6.944$
- 중립축 깊이비 $k = \sqrt{(n\rho)^2 + 2n\rho} - n\rho = 0.241$
- 중립축 깊이 $c = kd = 43.4\text{mm}$
- 균열면 철근응력 $f_s = \dfrac{M_s}{d(1-k/3)A_s} = 65.515\text{MPa}$
- 유효인장면적 $A_{cte} = b \times \min(2.5(h-d),\ \dfrac{h-c}{3},\ \dfrac{h}{2}) = 65{,}533\text{mm}^2$
- 유효 인장철근비 $\rho_e = A_s/A_{cte} = 0.01515$
- 최대 균열간격 $l_{r,\max} = \begin{cases} 3.4c_c + \dfrac{0.425k_1k_2d_b}{\rho_e} & \text{spacing} \leq 5\left(c_c + \dfrac{d_b}{2}\right) \\ 1.3(h-c) & \text{spacing} > 5\left(c_c + \dfrac{d_b}{2}\right) \end{cases}$

$$= 355.354\text{mm}$$

여기서, 최외곽 인장철근 피복 $c_c = 52.05\text{mm}$

부착강도에 따른 계수 $k_1 = 0.8$ (이형철근 0.8, 원형철근 및 긴장재 1.6)

부재하중작용에 따른 계수 $k_2 = 0.5$ (휨부재 0.5, 직접인장부재 1.0)

- 평균 변형률 $\varepsilon_{sm} - \varepsilon_{cm} = \max\left(\frac{f_{so}}{E_s} - \frac{0.4 f_{cte}(1+n\rho_e)}{E_s \rho_e},\ \frac{0.6 f_{so}}{E_s}\right)$

$$= 0.00019554$$

- 균열폭 $w_k = l_{r,\min}(\varepsilon_{sm} - \varepsilon_{cm}) = 0.06984\text{mm} < w_{\lim} = 0.3\text{mm}$ 만족함

※참고 : 설계등급 D 선택시 $M_s = M_{s3}$, $w_{\lim} = 0.3\text{mm}$ 이며, 상기 과정을 통해 균열폭을 계산하면 0.17168mm가 계산됨

(5) 사용한계상태 - 처짐 검토 KDS 24 14 21 4.2.2.1

○ 기준한계지간 - 깊이비 $(l/d)_{r,\max} = 8.354$ (다음식 참조)

$$\left(\frac{l}{d}\right)_{r,\max} = \begin{cases} k\left[11 + 1.5\sqrt{f_{ck}}\frac{\rho_o}{\rho} + 3.2\sqrt{f_{ck}}\left(\frac{\rho_o}{\rho} - 1\right)^{3/2}\right] & \text{if } \rho \le \rho_o \\ k\left[11 + 1.5\sqrt{f_{ck}}\frac{\rho_o}{\rho - \rho'} + \frac{1}{12}\sqrt{f_{ck}}\sqrt{\frac{\rho'}{\rho_o}}\right] & \text{if } \rho > \rho_o \end{cases}$$

여기서, 인장철근비 $\rho = A_s/bd = 0.005517$

압축철근비 $\rho' = 0$

기준철근비 $\rho_0 = \sqrt{f_{ck}} \times 10^{-3} = 0.005517$

부재지지조건을 반영하는 계수 $k = 0.4$ (내측지간 1.5, 캔틸레버 0.4)

○ 한계지간 / 깊이비 $(l/d)_{\max} = \frac{500 A_s}{f_y A_{s,req}} \times (l/d)_{r,\max} = 13.79$

$> l/d = 3.96$ 만족함

KCI-112 FRP 구조위원회

위원장	박철우	강원대학교
간사	주민관	연세대학교
위원	강영종	고려대학교
	강현욱	경일대학교
	김봉래	한국전력기술(주)
	김승직	계명대학교
	김용재	강원대학교
	노화성	전북대학교
	문도영	경성대학교
	박경수	연세대학교
	박상렬	제주대학교
	박성재	㈜삼보기술단
	신성진	㈜한맥기술
	이영학	경희대학교
	이정윤	성균관대학교
	이종한	대구대학교
	이재하	한국해양대학교
	이형주	경상북도청도교육지원청
	장희석	부경대학교
	정우영	강릉원주대학교
	정인규	안동과학대
	최동욱	한경대학교
	홍기증	국민대학교

콘크리트 실무지침

FRP 보강근 구조설계지침

2019년 6월 30일 1판 1쇄 발행
2024년 4월 10일 1판 3쇄 발행

관리주체 사단법인 한국콘크리트학회
서울특별시 강남구 테헤란로 7길22
한국과학기술회관 신관 1009호
TEL. 02)568-5984~7
FAX. 02)568-1918

출판보급처 기문당
서울시 성동구 무학봉 28길 4-1
TEL. 02)2295-6171(代)~5
FAX. 02)6971-8188

출판등록 1976.10.7(1-44)

홈페이지 http://www.kimoondang.com

ISBN 978-89-6225-821-9 93530

이 책의 무단 복제를 절대 금합니다.